谨以此书献给为深圳北理莫斯科大学的建设奉献智慧的营造者们

Я хотел бы посвятить эту книгу основателям, которые внесли неоценимый вклад в создание Университета МГУ-ППИ в Шэньчжэне и посвятили свою мудрость этому великому делу

中俄教育合作的范例
Примеры российско-китайского сотрудничества в области образования

教育事业是国家发展的基石。教育事业涉及千家万户，关乎国家的未来和民族的兴旺。改革开放以来我国的高等教育事业有了长足的发展，无论是校舍的新建、招生人数的扩大还是学科的拓展、研究成果的发表都提高到一个新的水平。尤其是 1985 年中共中央颁布了《关于教育体制改革的决定》和 2001 年中国加入世界贸易组织（WTO）以后，中外合作办学的形式不断取得突破：从中外双方合作举办培训，到国内高校与国外高校合办学院，再到与国外大学合作办学。1995 年国家教委发布《中外合作办学暂行规定》，2003 年国务院公布《中华人民共和国中外合作办学条例》，随即 2004 年宁波诺丁汉大学成立并招生，2017 年 9 月深圳北理莫斯科大学举行首届开学典礼，中国通过多所大学的合办表明了中国在教育事业方面对外开放的态度，并在此过程中不断探索对外办学模式和管理模式。《深圳北理莫斯科大学》一书的出版，既是对该大学建设过程的总结和回顾，又是对深圳改革开放 40 年的致敬，还将体现在粤港澳大湾区的建设中及合作办学教学模式的探索中，显示出先行示范和引领的作用。

马国馨

习近平总书记在十九大报告中提出："加快一流大学和一流学科建设，实现高等教育内涵式发展。"（人民网）深圳北理莫斯科大学就是在习近平主席和普京总统的关心和指导下设立的第一所中俄两国合作共建的大学。2014 年 5 月 20 日，在中俄两国首脑的共同见证下，中俄教育部签署合作举办"中俄大学"的谅解备忘录。2017 年 9 月 13 日，合作大学举行首届开学典礼，习近平主席和普京总统分别发来贺词。习近平主席指出："教育是国家发展进步的重要推动力，也是促进各国人民交流合作的重要纽带……中俄联合创办深圳北理莫斯科大学是我和普京总统达成的重要共识，也是两国人文合作深入发展的重要成果，具有重要的示范意义。"（央广网）普京总统指出："教育合作一直是俄中战略伙伴关系的重要组成部分……在两所知名大学基础上创办的俄中大学将进一步增进两国人民的友谊和相互理解。该校毕业生不仅在俄中两国，也将在世界受到欢迎。"

深圳北理莫斯科大学是由深圳市人民政府、莫斯科国立罗蒙诺索夫大学（以下简称"莫斯科大学"）和北京理工大学三方共同在深圳合办的。莫斯科大学是有着悠久历史和学术传统的知名大学，十分幸运，我几次访问莫斯科时，都路过莫斯科大学的老校区和新校区，并在那里收集资料，拍了照片。罗蒙诺索夫（1711—1765 年）是俄国诗人、科学家，25 岁时进入圣彼得堡学院，之后去德国学习，30 岁时回国，1745 年被俄国科学院任命为教授，曾受命改组了圣彼得堡皇家科学院，1755 年创建了莫斯科大学，1757 年成为大学理事，对大学的改革和发展做出了重要贡献。莫斯科大学的老校区位于克里姆林宫的西北方向，马涅什广场的对面，尼基金大街路

Образование – это фундамент национального развития. Сфера образования затрагивает тысячи семей и имеет прямое отношение к будущему государства и процветанию нации. С момента начала реализации политики реформы и открытости в Китае, отрасль высшего образования получила значительное развитие в различных аспектах. Строительство новых учебных заведений, увеличение количества студентов, расширение перечня дисциплин, публикация результатов научных исследований – все эти составляющие высшего образования поднялись на новый уровень. После публикации Постановления ЦК КПК «О реформе системы образования» в 1985 г. и вступления Китая во Всемирную торговую организацию (ВТО) в 2001 г., произошел прорыв в различных формах китайско-иностранного взаимодействия в области образования: от двустороннего сотрудничества между китайской и иностранной сторонами в организации образовательных программ до создания совместных образовательных учреждений между китайскими и иностранными университетами и сотрудничества в области организации учебного процесса. Такие события, как публикация Государственной Комиссией по образованию «Временных положений о совместном управлении образованием для учебных заведений Китайской Народной Республики и иностранного государства» в 1995 г., публикация «Положения о совместном управлении образованием для учебных заведений Китайской Народной Республики и иностранного государства» Государственным советом КНР в 2003 г., создание филиала Ноттингемского университета в Нинбо с последующим зачислением учащихся в 2004 г. и торжественная церемония открытия Университета МГУ-ППИ в Шэньчжэне в сентябре 2017 г. позволили Китаю продемонстрировать свою открытость внешнему миру в сфере образования посредством плодотворного сотрудничества китайских и иностранных университетов. В ходе данного процесса Китай продолжал исследования в области управления обучением при взаимодействии с иностранными сторонами. Публикация книги «Университет МГУ-ППИ в Шэньчжэне», представляющей собой краткое изложение и описание процесса создания университета, позволяет отдать дань уважения политике реформ и открытости, реализующейся в Шэньчжэне на протяжении 40 лет. Наряду с этим, данная книга играет ведущую роль и представляет собой пример передового опыта в контексте строительства региона «Большого залива» Гуандун-Гонконг-Макао и исследования моделей совместного управления образованием.

В докладе XIX Всекитайского съезда ЦК КПК генеральный секретарь Си Цзиньпин предложил «ускорить создание первоклассных университетов и передовых учебных дисциплин, чтобы добиться глобального развития высшего образования» (онлайн-версия газеты «Жэньминь жибао»)» . Университет МГУ-ППИ в Шэньчжэне – это первый университет, созданный под опекой и руководством председателя Си Цзиньпина и президента Путина. 20 мая 2014 г. в рамках официального визита президента РФ В.В. Путина в КНР был подписан Меморандум о взаимопонимании между Министерством образования и науки Российской Федерации и Министерством образования Китайской Народной Республики о сотрудничестве по проекту создания российско-китайского университета с участием таких сторон, как Московский государственный университет имени М.В. Ломоносова и Пекинский политехнический институт. 13 сентября 2017 г. в ходе торжественной церемонии открытия российско-китайского университета председатель КНР Си Цзиньпин и президент РФ В.В. Путин выступили с поздравительными речами. Председатель Си Цзиньпин отметил, что «образование является важной движущей силой национального развития и прогресса и представляет собой важное звено в развитии различных обменов и сотрудничества между народами. Совместное учреждение Россией и Китаем Университета МГУ-ППИ в Шэньчжэне – важный консенсус, достигнутый мной и президентом В.В. Путиным, являющийся важным результатом углубленного развития гуманитарного сотрудничества между двумя странами, которое имеет важное образцовое значение» (онлайн-ресурс Центральной народной радиовещательной станции). Президент В.В. Путин подчеркнул: «Сотрудничество в сфере образования всегда было важной частью стратегического партнерства между Россией и Китаем. Создание российско-китайского университета на базе двух престижных вузов будет способствовать дальнейшему укреплению дружбы и взаимопонимания между народами двух стран. Выпускникам университета будут рады не только в России и Китае, но и во всем мире».

Университет МГУ-ППИ в Шэньчжэне – это совместный университет, учрежденный Московским государственным университетом имени М.В. Ломоносова (МГУ), Пекинским политехническим институтом (университетом) (ППИ) и Муниципальным народным правительством Шэньчжэня. МГУ – это известный вуз с долгой историей и крепкими академическими традициями. В течении нескольких визитов в Москву мне посчастливилось проходить мимо старого и нового кампусов МГУ, где я смог собрать необходимую информацию и сделать некоторые фотографии. Михаил Васильевич Ломоносов (1711-1765) – русский поэт и ученый, поступивший в возрасте 25 лет в Санкт-Петербургскую академию наук. В дальнейшем он отправился учиться в Германию, и, по возвращении на родину в возрасте 30 лет, ему было присвоено звание профессора химии Российской академии наук в 1745 г. В 1755 г. М.В. Ломоносов был ответственным за реформирование Императорской академии наук

口的两侧，路北段为老馆，路南为新馆。老馆建于 1780 年，由建筑师卡扎科夫设计。在建筑中部圆顶之下是礼仪大厅，两侧是图书馆和博物馆。1812 年第一次卫国战争时老馆毁于火灾，后于 1817—1819 年由建筑师日良尔金予以恢复，他用后古典主义风格的柱廊代替了原有的立面。1922 年在建筑前广场中安放了哲学家、思想家赫尔岑和诗人奥加列夫的雕像（由雕塑家安德列耶夫创作）。新馆位于路口南侧，曾经过多次改建。1833—1836 年建筑师特尤林按 19 世纪前半叶古典风格对建筑加以改造，将临近路口处处理成流畅的曲线，大学的教堂也位于这里。1905 年建筑师贝科夫斯基又对部分建筑的内部房间以及图书馆做了调整。1941 年建筑毁于德军轰炸，1943 年又由建筑师奥尔洛夫重建。1957 年在校园内安放了罗蒙诺索夫的雕像（由雕塑家科兹洛夫斯基创作）。从莫斯科大学毕业的学生中，除前面提到的赫尔岑、奥加列夫外，还有批评家别林斯基，作家和诗人屠格涅夫、莱蒙托夫、诺吉谢夫、契诃夫，医学家彼洛果夫，科学家季米良采夫等人。老校区现在是部分文科院系所在地，原教堂处现为俱乐部。

1949—1953 年在沃罗比约夫山修建了莫斯科大学的新校区，其总用地面积为 320 hm²，设计团队由以鲁德涅夫、车尔尼索夫、阿伯罗希莫夫和赫里亚科夫为首的建筑师组成。校园总平面采取严谨的中轴对称构图。由于地处莫斯科河的转弯处，山上的用地距河面有 75 m 高差，因此可以俯瞰莫斯科的景色，甚至可以远远望见克里姆林宫。其轴线呈西南—东北方向，与河边的卢日尼基大体育场在同一轴线上。用地的南北分别为罗蒙诺索夫大街和大学街，而东西的街道有米丘林大街、门捷列夫大街、列别捷夫大街。莫斯科大学的主楼是 20 世纪 50 年代在斯大林提出的要把莫斯科建成"世界模范首都"的号召下建设的 7 栋高层建筑中最突出的一栋。大学的主建筑由 36 层的主楼（240 m 高）、18 层的两翼配楼和 9 层的辅楼构成一个曲折平面的建筑群。在主楼中有门厅、电梯厅、400 个教学和科研实验室、公共教室、餐厅、咖啡厅、图书馆、可容纳 1 500 人的大报告厅、博物馆、俱乐部（有可容纳 800 人的观众厅）、体育馆和游泳池，此外还有 4 栋 9~18 层的大学生宿舍（共 5 754 间）、4 栋 12 层的教师住宅（共 184 套）。主楼采用钢骨架结构，钢构件在工厂预制后到现场吊装，总计用钢量为 3.8 万 t，结构工程师为纳索诺夫。主楼立面上部的转角处都设计了雕塑，使整个建筑的轮廓线更为丰富，当时有 70 位雕塑家参加了各处的创作，其中包括穆希娜、马尼泽尔、莫托维洛夫、奥尔洛夫等名家。如在主楼 27 层处的四角雕塑高 7.6 m，由雕塑家巴布林等创作。18 层的两翼配楼上的时钟分针长 4.13 m，时针长 3.7 m。此外，在建筑内部还有许多雕塑、马赛克壁画和装饰等。西北入口广场上的罗蒙索诺夫雕像为雕塑家托木斯基创作。莫斯科大学自 1933 年以后，先后有 13 人获诺贝尔奖，其中 5 人获文学奖和和平奖，7 人获物理学奖，1 人获化学奖，另有 6 人获数学菲尔兹奖。

值得一提的是，1957 年 11 月，毛泽东同志率团第二次赴莫斯科参加十月革命 40 周年庆祝大会时，特别抽出时间在 11 月 17 日下午 6 时到莫斯科大学会见留苏的中国学生。在礼堂中他发表了著名的讲话："世界是你们的，也是我们的，但是归根结底是你们的。你们青年人朝气蓬勃，正在兴旺时期，好像早晨八九点钟的太阳。希望寄托在你们身上。"（《毛泽东　邓小平　江泽民论教育》，中央文献出版社，2002 年，208 页）接着又在 7 时去俱乐部会见等候在那里的中国留学生，向他们提出了三点希望："第一，青年人既要勇敢又要谦虚；第二，祝你们身

в Санкт-Петербурге, в том же году под его влиянием произошло открытие Московского университета. Начиная с 1757 г., будучи попечителем университета, М.В. Ломоносов внес неоценимый вклад в его реформирование и развитие. Старое здание Московского университета, также известное как Казаковский корпус МГУ, было расположено к северо-западу от Кремля, напротив Манежной площади, на пересечении Большой Никитской и Моховой улиц. Стоит отметить, что старое здание находится в северной части дороги, а новое - в южной. Старое здание Московского университета было построен в 1780 г. по проекту архитектора М.Ф. Казакова. Под куполом в середине здания находится церемониальный зал, по бокам которого расположены библиотека и музей. Главный корпус университета сильно пострадал во время оккупации Москвы французами и пожара 1812 г. и реконструирован пять лет спустя в 1817-1819 гг. по проекту архитектора Доменико Жилярди, который заменил первоначальный фасад здания колоннадой в стиле позднего классицизма. В 1922 г. на площади перед зданием были установлены памятники А.И. Герцену и Н.П. Огарёву. Автор памятников — скульптор Н.А. Андреев. Новое здание расположено на южной стороне перекрестка и несколько раз перестраивалось.

В 1833-1836 гг. архитектор Е.Д. Тюрин занимался реконструкцией аудиторного корпуса Московского университета, построенного в стиле классицизма первой половины XIX в. Здание крытым переходом соединялось с боковым флигелем усадьбы, в котором Тюрин возвел университетскую церковь Святой Татианы. В 1905 г. аудиторный корпус был значительно перестроен архитектором К.М. Быковским: были перестроены некоторые внутренние помещения здания и библиотека. В 1941 г. корпус пострадал от налета фашистской авиации. В 1943 г. архитектор К.К. Орлов занимался восстановлением здания: он пытался придать аудиторному корпусу первоначальный вид 30-х гг. XIX в. В 1957 г. перед зданием был установлен памятник Ломоносову скульптора И.И. Козловского. Среди выпускников Московского университета, помимо упомянутых А.И. Герцена и Н.П. Огарева, были литературный критик В.Г. Белинский, писатели и поэты И.С. Тургенев, М.Ю. Лермонтов, А.Н. Радищев и А.П. Чехов, хирург Н.И. Пирогов, ученый А.К. Тимирязев и другие. В старом кампусе сейчас располагаются некоторые гуманитарные факультеты, а в здании бывшей церкви действует студенческий клуб.

Новый кампус Московского университета был построен на Воробьевых горах в 1949-1953 гг. на общей площади около 320 гектаров по проекту группы архитекторов, в состав которой входили Л.В. Руднев, С.Е. Чернышёв, П.В. Абросимов, А.Ф. Хряков. Общий план кампуса представляет собой строгую симметричную композицию с центральной осью. Благодаря расположению нового кампуса в излучине Москвы-реки, а также перепаду высот между рекой и участком высокого плато, где располагается университет, составляющего 75 м., открывается прекрасный вид на Москву и Кремль. Новый кампус находится на одной оси со стадионом «Лужники», совпадающей с юго-западным лучом Москвы. С севера на юг от кампуса проходят такие улицы, как Ломоносовский проспект и Университетский проспект, с востока на запад – Мичуринский проспект, Менделеевская улица и улица Лебедева. Главное здание МГУ – наиболее заметное из семи высотных зданий, построенных в 1950-х гг. в ответ на призыв И.В. Сталина сделать Москву «образцовой столицей мира». Главное здание университета включает в себя 36-этажный главный корпус (высота со шпилем – 240 м.), от которого расходятся два крыла 18-этажной пристройки и 9-этажное вспомогательное здание, расположенные в зигзагообразном плане. В главном здании находятся фойе, лифтовой холл, 400 лекционных, групповых аудиторий, учебных и научных лабораторных помещений, кафетерии, столовая, библиотека, большой актовый зал вместимостью 1500 человек, музей, клуб со зрительным залом на 800 человек, три гимнастических зала и закрытый бассейн для плавания. В боковых крыльях главного высотного здания располагаются четыре общежития для студентов (всего 5754 комнат) высотой от 9 до 18 этажей и четыре общежития для преподавателей (всего 184 квартиры) высотой в 12 этажей. Основное здание было построено по технологии стального каркасного строительства: стальные элементы здания предварительно изготавливались на заводе, а затем поднимались на стройплощадку. Для стального каркаса университета потребовалось 38 тыс. тонн стали, инженером-конструктором был В.Н. Насонов. Расположение скульптур обусловлено углами верхней части главного фасада здания, что позволило обогатить контурные линии всего здания. В то время в украшении различных частей здания участвовали 70 скульпторов, в том числе такие известные творцы, как В.И. Мухина, М.Г. Манизер, Г.И. Мотовилов и С.М. Орлов. Например, четыре скульптуры высотой 7,6 м., расположенные на ризалитах высотной части главного корпуса на высоте 27 этажа, представляют собой творения известного скульптора М.Ф. Бабурина. На башнях 18-этажных крыльев установлены часы: длина минутной стрелки составляет 4,13 м., а часовой – 3,7 м. Интерьер здания характеризуется значительным количеством скульптур, мозаичных фресок и украшений. Памятник М.В. Ломоносову, установленный на площади северо-западного входа, был создан скульптором Н.В. Томским. С 1933 г. 13 человек из МГУ были удостоены званий лауреатов Нобелевской премии: пятеро являются лауреатами Нобелевской премии мира и литературы, семеро – лауреатами Нобелевской премии по физике, один – по химии и шесть – по математике.

Стоит отметить, что в ноябре 1957 г. товарищ Мао Цзэдун во главе делегации Китайской Народной Республики во второй раз прибыл в Москву на празднование 40-й годовщины Великой Октябрьской социалистической революции. В ходе визита он специально выделил время для встречи с представителями китайских студентов в Советском Союзе, которая состоялась в Московском университете 17 ноября в 18 часов. В зале МГУ им. М.В. Ломоносова он произнес свою знаменитую речь: «Мир и ваш, и наш, но в корне принадлежит вам. Вы, молодёжь, полны бодрости и энергии, находитесь в расцвете сил и подобны солнцу в восемь-девять часов утра. Будущее Китая – ваше, будущее всего мира – ваше, на вас возлагаются надежды!» («Мао Цзэдун, Дэн Сяопин, Цзян Цзэминь об образовании», издательство «Чжунъян вэньсянь чубаньшэ», 2002 г., С. 208). В 19 часов он отправился в клуб для встречи с ожидавшими его визита китайскими студентами и высказал им три пожелания: «Во-первых, молодые люди должны быть одновременно и смелыми, и скромными; во-вторых, желаю вам крепкого здоровья, плодотворной учебы и хорошей работы; в-третьих, тесной солидарности с вашими советскими друзьями!» («Товарищ Мао Цзэдун о молодежи и работе с молодежью» издательство «Чжунго циннянь чубаньшэ», 1960, С. 32). В дальнейшем он также нанес визит студентам в их общежитиях.

Пекинский политехнический институт (ППИ) – университет, хранящий революционные традиции, первый университет естественных и научно-технических наук,

体好，学习好，工作好；第三，和苏联朋友要亲密团结。"（《毛泽东同志论青年和青年工作》，中国青年出版社，1960 年，32 页）之后还到学生宿舍看望了留学生。

北京理工大学是一所具有革命传统的大学，也是中国共产党创办的第一所理工科大学，被称为"延安根，军工魂"。其前身是 1939 年成立的延安自然科学研究院，于 1940 年改称为延安自然科学院，1943 年并入延安大学。此后又经过晋察冀边区工业专门学校、晋察冀工业交通学院、晋察冀边区工业学校、华北大学工学院等几次变化之后，于 1952 年改名为北京工业学院，成为新中国第一所国防工业院校，也是第一所五年制大学。校区最初设于中关村南大街，最早是由我所在的北京市建筑设计院规划设计第一批校园建筑。我院总建筑师张镈曾回忆："当时苏联莫斯科大学的样板对我们设计人员有一定的影响。几乎每座院校都以临学院路作为教学行政区，采取居中为主楼，两侧的四面为辅楼的形式。""在主持西颐路的工业学院的后期设计中，把适当的内容放到主楼之中，与南北两侧的两座实验楼连成一体，成为 H 形，两面为上，解决了只对外面不对内的缺点。在设计实验楼时，从功能出发，平铺直叙，不做纹饰。仅在主楼上吸取一点传统手法加以点缀，以与西方手法区别。""在设计工业院校宿舍的住宅、食堂时，我采取类似'亚洲疗养院'的手法，改用水泥瓦和歇山顶，有点传统味道。"后校区在中关村地区几经扩建，校园面积达到 188 hm^2，中心主轴上依次为主楼—广场—中心教学楼—体育馆，后来又扩充了良乡校区和西山校区。北京理工大学一直是国家重点建设的高等学校，1959 年成为国家首批确定的 16 所重点大学之一，1988 年更名为北京理工大学，并由单一的工科院校转向以工为主，理、工、管、文相结合的综合性大学，也是首批进入国家"211 工程"和"985 工程"的重点高校，2008 年学校划归工业和信息化部管理。北京理工大学的校训为"德以明理，学以精工"，提倡"团结、勤奋、求实、创新"的校风，目前有 18 个专业学院和徐特立学院，开办 72 个本科专业。在毕业生中既有像李鹏、曾庆红、叶选平等党和国家领导人，也有国家最高科技奖获得者王小谟院士，以及彭士禄院士等一批国防工业精英和功臣。这次和莫斯科大学合办大学，表明学校在继承和弘扬延安精神的基础上，正面向现代化、面向世界、面向未来迈出坚定的步伐。

了解这两个大学的背景，可能会有助于我们进一步理解《深圳北理莫斯科大学》一书的内容。该书历经大学建设团队 5 年的精心耕耘，通过编辑部的精心策划，对全过程进行细致梳理和总结，对于教育界、建筑界，对于社会都有许多启发之处。

首先，这是对一个大学校园建设全过程、多专业、多视角的总结。改革开放以后，新建的大学校园数不胜数，许多设计单位对设计项目的介绍和总结多限于设计理念、总平面构图、立面造型等内容，同时配以若干校园的精美照片了事。而本书的内容就比较全面，除了设计概念、总体构思、立面造型的总结之外，从宏观到微观，从建筑专业到结构、水暖电，从施工到运营维护，都对这座跨越不同地域、跨越不同文化的校园的建设进行了总结，在回顾的过程中不断总结经验与教训，从而使校园建设走上一个新的台阶。

从设计方法学的角度看，人们对于设计活动的前期阶段，如设计的生成、功能的分配、形态的研究、计划的实现都有着比较深入的探讨，但在建筑设计的全生命周期中，在建筑建成和使用一段时间后，人们常常忽视对建筑项目的运行和使用进行系统的评估，这也是 2016 年中共中央提出"建立大型公共建筑工程后评估制度"的由来。早在 20 世纪末，建筑理论家张钦楠先生就在他的《建筑设计方法学》一书中介绍了从建筑经济效益、社会效益、环境效益、综合效益的评价对设计的反馈，从使用后评价

основанный Коммунистической партией Китая, известный как «корни Яньаня – сердце военной промышленности». Предшественником ППИ был Институт естественных наук, основанный в г. Яньань в 1939 г. В 1940 г. данный институт был переименован в Яньаньскую академию естественных наук и включен в состав Яньаньского университета в 1943 г. После ряда определенных изменений, а именно преобразований в Шаньси-Чахар-Хэбэйское профессионально-техническое училище, Шаньси-Чахар-Хэбэйский промышленно-транспортный университет, Шаньси-Чахар-Хэбэйский промышленный техникум, технологический институт Северокитайского университета и др., в 1952 г. он был переименован в Пекинский технологический институт и стал не только первым национальным оборонно-промышленным институтом, но и первым университетом Нового Китая, предлагавшим пятилетние программы обучения. Изначально кампус располагался на Южной улице Чжунгуаньцунь, а проектная планировка первых зданий кампуса была разработана Пекинским институтом архитектурного проектирования, где я работал. Главный архитектор Чжан Бо вспоминал: «В то время образец советского Московского университета оказал определенное влияние на наших проектировщиков. Почти каждое учебное заведение представляло собой определенную форму учебно-административной зоны, расположенной вдоль Университетского проспекта, характеризующейся наличием главного здания в центре и дополнительных зданий по четырем сторонам. В более позднем архитектурном проекте политехнического института, который располагался на улице Си-и, главное здание было наделено соответствующим содержанием: оно соединялось с двумя лабораторными корпусами на северной и южной сторонах. Таким образом, Н-образная форма здания и соответствующее расположение передних и задних фасадов позволили решить проблему, когда здание было обращено только наружу, но не внутрь. В ходе проектирования лабораторного комплекса на основании основных функций данного здания было решено осуществить спокойный, лаконичный дизайн-проект без дополнительных украшений. Только главное здание было слегка украшено с использованием традиционных архитектурных приемов, что позволяло провести отличия от западных приемов. При проектировании столовых и квартир в общежитиях политехнического института я использовал архитектурные приемы «азиатского санатория»: бетонная черепица и покатая крыша типа сешань с некоторым традиционным колоритом. В дальнейшем кампус был несколько раз расширен в районе Чжунгуаньцунь: таким образом, площадь кампуса достигла 188 гектаров. Центральную ось составляли главный корпус, площадь, центральный учебный корпус, гимназия. Позже были расширены кампус Лянсян и кампус Сишань. Пекинский политехнический институт всегда был одним из ключевых национальных высших учебных заведений. В 1959 г. он стал одним из первых 16 ключевых университетов , определенных государством. После переименования в Пекинский политехнический институт в 1988 г., данное учебное заведение было перепрофилировано в многопрофильный университет с инженерным направлением в основе, объединяющий естественные науки, инженерное дело, управление и литературу. Кроме того, Пекинский политехнический институт стал одним из первых университетов, вошедших в проекты развития системы высшего образования, известные как «Проект 211» и «Проект 985» . В 2008 г. Пекинский политехнический институт был передан в управление Министерству промышленности и информатизации КНР. Девиз Пекинского политехнического университета звучит следующим образом: «добродетель – суть познания, учение – суть мастерства» , а университетские традиции можно обобщить фразой «единство, трудолюбие, реализм и инновации». В настоящее время Пекинский политехнический институт включает в себя 18 специализированных колледжей и колледж Сюй Тэли и предлагает 72 различные программы бакалавриата. Среди выпускников политехнического института встречаются такие партийные и государственные лидеры, как Ли Пэн, Цзэн Цинхун и Е Сюаньпин, а также такие академики, как лауреат высшей национальной премии в области науки и техники Ван Сямо, академик Пэн Шилу, представители элиты и заслуженные работники оборонной промышленности страны. Проект совместного образования, осуществляемый в сотрудничестве с Московским университетом, показывает, что Пекинский политехнический институт делает твердые шаги в сторону модернизации, мира и будущего на основе наследования духа г. Яньань.

Глубокое знание и понимание истории двух университетов может помочь нам лучше понять содержание книги «Университет МГУ-ППИ в Шэньчжэне». Строительная команда университета на протяжении пяти лет вела тщательную работу над созданием этой книги. Весь процесс построения университета был обобщен, приведен в порядок и в деталях описан благодаря скрупулезному планированию редакционного отдела, что не может не вдохновить педагогические круги, архитектурное сообщество и общество в целом.

Прежде всего, эта книга представляет собой многопрофильное, затрагивающее многие аспекты обобщение процесса строительства университетского кампуса. После проведения политики реформ и открытости было построено бесчисленное множество новых университетских кампусов. Тем не менее, представление и обобщение дизайн-проектов и архитектурных планов различными проектными организациями во многом ограничиваются концепцией дизайна, композицией генерального плана, описанием типов фасада и т.д. и сопровождаются несколькими красивыми фотографиями кампуса. Эта книга – достаточно всеобъемлющая. Помимо краткого изложения концепции дизайна, общей концепции строительства университетского кампуса и типов фасада, в этой книге обобщается процесс строительства кампуса, выходящего за рамки различных регионов и культур. Мы проводим тщательный анализ всех аспектов строительства кампуса университета МГУ-ППИ в Шэньчжэне: от общего – к детальному; от архитектурного дизайна – к конструированию, монтажу водопровода, проведению отопления и электричества; от начала строительных работ – к введению кампуса в эксплуатацию и его обслуживанию. В процессе анализа мы непрерывно обобщаем имеющийся опыт и извлеченные из строительного процесса уроки, что в дальнейшем позволит вывести процесс строительства университетских кампусов на новый уровень.

С точки зрения методологии архитектурного проектирования, нельзя не заметить, что очень тщательно обсуждаются предварительные этапы проектной деятельности, такие как создание дизайн-проекта, распределение функций, изучение форм и реализация плана. Однако в ходе всего жизненного цикла того или иного архитектурного проекта, и особенно после завершения процесса строительства и дальнейшей эксплуатации здания в течение определенного периода времени, часто недооценивается

（POE）找出设计预期与实际效果之间的差距，从而总结出对今后设计更具有指导性的内容。本书通过座谈、问卷调查，通过各部门的情况反馈，对立面和空间文化意象认知度进行评估，对校园整体形象认同进行评估，对几个主要功能空间使用满意度进行评估，对庭院中几个使用空间进行评估，最后总结出初步的调查结论，正如编者所指出："最重要的是，从使用者角度获得的对学校设计的真实评价标准，跳脱出专业人士由于主观分析、审美喜好、观念差距而导致的个性化的视角局限，让建筑设计成功与否的评价标准，重回以人为本的根本原则。"当然这种后评估也不是一次就可以完成的，还要在长期的使用中不断经受时间的考验。

本书设置了附录部分，尤其是邀请研究俄罗斯建筑的专家韩林飞先生撰写了《俄罗斯教育建筑研究》一文，从历时性的角度展示了俄罗斯科研与教育建筑的发展历程，梳理了不同时代的特点和建筑风格，提供了一份比较完整的背景资料。"俄罗斯教育建筑的产生得益于宗教的发展，作为一种特殊类型的建筑，其参与创造了俄罗斯的历史和城市文化：不仅培养了一批又一批人才，还提升了生活在其中的人们的审美，带动了城市文化发展。"另外还附有详细的建设大事记，这些都对我国教育建筑历史的总结有着重要的示范和引导作用。

本书另一个特点是在文字叙述的同时，配发了大量精美的图像、照片。时下图像学视域下的文学艺术研究已成为 2020 年度"中国十大学术热点"之一，伴随"读图"时代的来临，人们通过历史图像和现代图像的相互参照，通过文本和视觉图像的互动融合，通过二者的对照以及多方位的解读，开拓了新的研究路径。所以专家们认为："随着人们获取信息的方式从语言、文字更多地转向图像，图像学与各学科深入融合……基于对语图分合互杂的共生状态的认识，以及对二者互仿、互文与转向等复杂关系的体知。"真正促成图像化审美与传播的良性互动，还有一段很长的路要走。

在精英教育时代，曾有"所谓大学者，非谓有大楼之谓也，有大师之谓也"的说法。到了大众教育的年代，我们更强调"既要大师，也要大楼"。然而大学校园硬件设施的建设仅仅是第一步，大学精神、大学氛围的营造和养成，还是一个长期积淀的过程。大学的物质环境如何表现校园精神，如何形成大学多元自主的个性，从而培养学生独立的人格及社会责任感，使之健康成长，还是一个长期而艰巨的课题。俄罗斯教育建筑中艺术作品的介入为我们做了很好的示范，本书中也专门对有关艺术作品的创作进行了介绍，相信会对我们有所启发。

中国工程院院士、全国工程勘察设计大师
北京市建筑设计研究院有限公司顾问总建筑师

2021 年 4 月 5 日

необходимость систематической оценки эксплуатации и функционирования архитектурного проекта здания. Это – причина выдвижения в 2016 г. ЦК КПК проекта «Системы обсуждения и оценки эксплуатации и функционирования крупных общественных зданий по завершении строительного процесса». Еще в конце XX в. теоретик архитектуры Чжан Циннань в своей книге «Методология архитектурного проектирования» представил отзывы касательно различных архитектурных проектов на основе оценки экономических, социальных, экологических и комплексных преимуществ зданий, а также определил суть разрыва между ожиданиями от архитектурного проекта и фактическими результатами оценки здания после ввода в эксплуатацию, чтобы представляет собой обобщенный, поучительный посыл для будущего архитектурного проектирования. С помощью информации, собранной посредством интервьюирования и анкетирования и получения обратной связи от различных отделов, автор оценивает восприятие пользователями фасада и пространства, наделенных определенными культурными кодами, общую визуальную идентичность кампуса, уровень удовлетворенности пользователей в результате эксплуатации основных функциональных пространств и пространств общего использования во внутреннем дворе, и, наконец, подводит предварительные итоги исследования. Редакторы отмечают: «Самым важным является то, что реальный стандарт оценки проектирования учебного заведения, полученный на основе точки зрения пользователя, избегает индивидуальных ограничений, вызванных субъективным анализом, эстетическими предпочтениями и концептуальными различиями, присущим профессионалам, и является стандартом оценки успеха архитектурного проекта. Возвращаясь к основополагающему принципу архитектурного проектирования, стоит отметить, что человек – превыше всего». Разумеется, такую оценку невозможно провести в ходе одного исследования: здание должно выдержать испытание временем в ходе длительной эксплуатации.

Данная книга предлагает читателю раздел «Приложения». Особого внимания заслуживает статья «Исследование архитектуры российских образовательных учреждений», написанная специалистом по русской архитектуре Хань Линфэем. Данная статья демонстрирует развитие архитектуры российских научно-исследовательских и образовательных учреждений с точки зрения различных исторических периодов, обобщает характеристики и архитектурные стили различных эпох и предоставляет достаточно полную справочную информацию. «Архитектура российских образовательных учреждений возникла благодаря развитию религиозных верований. Будучи особым типом архитектуры, она развивалась благодаря непосредственному участию в формированию русской истории и городской культуры: архитектура российских образовательных учреждений служила не только обучению различных групп людей, но и способствовала повышению эстетического вкуса людей, живущих в её «сердце», вела к культурному развитию города». Наряду с этим, в приложении предлагается подробная хронология событий строительства, что представляет собой важный образец и играет ведущую роль в контексте краткого изложения истории архитектуры образовательных учреждений в Китае.

Другая особенность данной книги заключается в большом количестве прекрасных изображений и фотографий, сопровождающих текст. Изучение литературы и искусства в области современной иконографии стало одним из десяти наиболее интересных для научного изучения направлений в Китае 2020 г. С наступлением эпохи «чтения картин» открылись новые пути для исследований благодаря перекрестному сопоставлению исторических и современных изображений, интерактивной интеграции, сравнению и многосторонней интерпретации текстов и визуальных образов. По этой причине эксперты считают, что «поскольку модель получения информации все больше смещается от языка и текста к изображениям, более глубокая интеграция иконографии с различными дисциплинами основана на понимании симбиоза между языком и изображением, а также сложных взаимоотношений этими аспектами, к которым можно отнести взаимное подражание, интертекстуальность и изменения». Нам предстоит пройти долгий путь, чтобы на практике добиться благоприятного взаимодействия между изобразительной эстетикой и распространением информации.

Во времена, когда образование было прерогативой элитных слоёв общества, говорили, что «причина, по которой университет становится университетом, не в том, сколько у него зданий, а в том, сколько у него наставников». В эпоху массового образования мы уделяем больше внимания «и наставникам, и зданиям». Тем не менее, строительство технической инфраструктуры в университетских кампусах – лишь первый шаг, а формирование и культивирование университетского духа и атмосферы – длительный процесс. Выяснение взаимосвязи между архитектурной средой университета и выражением духа учебного заведения и кампуса, формирование многообразной, независимой уникальности университета, что в дальнейшем позволит воспитать студента как здоровую, независимую личность, наделенную чувством социальной ответственности – представляют собой трудную задачу, требующую длительный период времени для решения. Интеграция произведений искусства в архитектуре российских образовательных учреждений – замечательный пример для нас. Эта книга также посвящена созданию произведений искусства, которые, я верю, смогут нас вдохновить.

Академик Китайской академии инженерных наук, специалист в области проведения общенациональных проектно-изыскательских работ
Консультант и главный архитектор Пекинского института архитектурного проектирования и исследований
Ма Госинь
5 апреля 2021 г.

致辞 · 一
Вступление I

深圳北理莫斯科大学是在中俄两国元首共同见证下诞生的中俄首个合作共建高校，承担着人才培养、科学研究、文化交流的重任，开创了中国与"一带一路"沿线国家高层次人才联合培养的新范式。能够参与校区建设，我深感责任重大，使命光荣。

深圳市建筑工务署于 2014 年 10 月开始组织建设深圳北理莫斯科大学。千人携手，匠心筑就，深圳市建筑工务署及各参建单位高度重视，对各个建设环节一丝不苟、精细把控，从学科调研、筹建到对北京理工大学和莫斯科国立罗蒙诺索夫大学反馈意见的研究、落实，从设计招标、方案竞赛到专家评审、校园风格的确定，从完成各项审批、报建到组织施工、安全文明生产，从整改、验收到交付、调试、运营，挥汗六载，硕果纷呈，雄伟的深圳北理莫斯科大学矗立在美丽的大运新城内，形成一道连接中俄友谊的独特风景。

深圳北理莫斯科大学在特定的历史背景下产生，融合了两国三地的历史、文化、环境及气候条件特征，体现了理念、思想、哲学的精神之美；校园总体规划采用功能组团模式，功能分区明确，轴线关系清晰，展现了合理、实用、便利的特征之美；建筑的立面采用竖向三段式、横向五段式的构图原则，突出韵律感，庄严肃穆，挺拔向上，彰显了文化、艺术、形式的价值之美；园林湖景尊重环境，顺势造园，校园空间庭院组合，或开放或半开放，层次分明，体验感十足，体现了生态、节能、环保的绿色之美；校园的总体规划、园林绿化、建筑形象、装修细节以及智能建造处处凝聚着参与建设者的智慧和力量，彰显其历史感、艺术感以及空间秩序感的融合之美，充分展示中俄两国共同打造国际化一流名校的综合实力。

值此书出版之际，特向支持本书出版的社会各界表示真诚的感谢！祝深圳北理莫斯科大学桃李天下，硕果累累！

乔恒利

2021 年 5 月 18 日

Университет МГУ-ППИ в Шэньчжэне – первый китайско-российский совместный университет, созданный под свидетельством председателя КНР и президента РФ, несущий ответственность за реализацию важных задач в рамках подготовки специалистов, проведения научных исследований и осуществления культурного обмена, позволяет создать новую модель совместной подготовки специалистов высокого уровня между Китаем и странами, расположенными вдоль экономических маршрутов инициативы «Один пояс — один путь». Для меня непосредственное участие в строительстве кампуса – большая ответственность и почетная миссия.

Департамент строительных работ муниципалитета г. Шэньчжэнь приступил к организации строительства университета МГУ-ППИ в октябре 2014 г. Университет – это итог совместной работы тысяч людей. Департамент строительных работ муниципалитета г. Шэньчжэнь и иные задействованные подразделения придают большое значение строительству университета МГУ-ППИ, вследствие чего осуществляют тщательный контроль каждого этапа строительного процесса: от исследования потенциальных дисциплин обучения до проектирования образовательного учреждения, изучения и дальнейшей реализации отзывов и предложений касательно Пекинского политехнического института и Московского государственного университета имени М.В. Ломоносова; от объявления тендера на создание архитектурного проекта и начала конкурса до получения экспертной оценки и определения архитектурного стиля кампуса; от успешного завершения согласований различных аспектов строительства и предоставления отчетов до организации процесса строительства, осуществления безопасного производства с использованием современных технологий; от исправления недочетов и приемочного контроля до сдачи кампуса, начала пробной эксплуатации и полноценного ввода в эксплуатацию. Таким образом, несколько лет упорной работы и плодотворных достижений позволили возвести величественный университет МГУ-ППИ, находящийся в прекрасном новом районе Даюнь. Уникальный ландшафт университетского кампуса символизирует дружбу между Китаем и Россией.

Университет МГУ-ППИ в Шэньчжэне возник условиях в в условиях определенного исторического контекста, объединив в себе исторические, культурные, экологические и климатические условия, характерные для двух стран, воплотив в себе духовную красоту идей, мыслей и философии. Генеральный план кампуса предполагает группировку зданий в зависимости от функционального назначения, характеризуется четким функциональным зонированием и взаимосвязью составляющих кампуса с центральной осью, что позволяет продемонстрировать особую красоту рациональной, практичной и удобной для эксплуатации архитектуры. Фасад здания был возведен в соответствии с принципами вертикальной трехступенчатой и горизонтальной пятиступенчатой композиции и подчеркивает чувство ритма, величественности и непоколебимости, демонстрирует красоту ценности культуры, искусства и формы. Сад и озерный пейзаж символизируют уважение к окружающей среде, ландшафтная архитектура покоряется природе. Организация дворового пространства университетского кампуса, открытого или полуоткрытого, характеризуется четким разделением на уровни и позволяет в полной мере испытать наслаждение от взаимодействия с природой, поскольку представляет собой воплощение природной красоты экологичности, энергосбережения и защиты окружающей среды. Генеральный план университетского кампуса, ландшафтный дизайн, архитектурный образ здания, детали декора и строительство кампуса с применением новейших технологий – все эти аспекты строительного процесса представляют собой квинтэссенцию мудрости и силы участников, раскрывают красоту единства истории, искусства и чувства пространственного порядка, в полной мере демонстрируют всестороннюю силу России и Китая в строительстве международного первоклассного университета.

По случаю выхода этой книги мы хотели бы выразить искреннюю благодарность сообществу за поддержку издания. Желаем университету МГУ-ППИ в Шэньчжэне блестящих успехов и расцвета научной мысли!

Цяо Хэнли

18 мая 2021 г.

致辞·二
Вступление II

深圳北理莫斯科大学项目从孕育到诞生，凝结了众多建设者的智慧和汗水。作为一代工务人，我们秉承"廉洁、高效、专业、精品"的价值理念和"改革创新、创造一流、打造精品，推动政府工程高质量发展"的价值目标，高品质、高品位、高效能地完成深圳北理莫斯科大学项目建设，并以项目建设为桥梁，与莫斯科大学、北京理工大学结下了深厚友谊。项目建设过程艰巨而复杂，全体参建人员树立"匠心"意识，弘扬"工匠"精神，以追求卓越品质为导向，聚焦设计品质、施工品质、管控品质等，不断提升工程建设管理水平，力求做到极致。

习近平总书记指出："建筑也是富有生命的东西，是凝固的诗、立体的画、贴地的音符，每一个建筑都在穿行的岁月里留下沧桑的故事。"（《十八大以来重要文献选编（下）》，中央文献出版社，2018年，87页）深圳北理莫斯科大学的建设，不仅满足了现有功能使用要求，而且力求在建筑中体现更多的文化艺术元素，更充分地体现生态环保，更好地满足人民对现代功能的需求以及对精细化品质的要求，特别是在设计文化艺术性方面，项目融入了岭南、移民、开放、创新等人文元素，满足现代功能和可持续发展要求，真正把现代功能、人文特色、审美艺术、生态环保融入建筑中，充分体现了审美韵味和文化品位，不断提升深圳北理莫斯科大学的"颜值"和"气质"。

在建设过程中，项目加强质量安全、工期进度、投资造价的统筹管控，在满足项目定位、功能和使用要求的前提下，在保证低风险、高品质、高品位的基础上，以合理的成本快速高效地完成建设任务。特别是全面加强科学化管理、精细化管理、智能化管理，通过创新工艺工法，应用和推广新技术、新工艺，提升工程建设效能，系统有序地推进项目建设，安全、高效、高质量地完成建设任务，确保了项目如期完工并交付使用，取得了很好的成效。

每一座璀璨夺目的宏伟建筑都离不开建设者的不懈奋斗和辛勤付出。我谨代表深圳市建筑工务署，向全体参建人员表示由衷的感谢！希望通过我们的奋斗和努力，不断打造湾区地标、时代精品、城市杰作！

姚亮

深圳市建筑工务署党组书记、署长

2021年3月18日

С момента задумки и до «рождения» проект университета МГУ-ППИ в Шэньчжэне объединил в себе мудрость и старания многих строителей. Будучи представителями поколения, занимающегося строительными работами, мы придерживаемся концепции «честности, высокой эффективности, профессионализма и качества» и ценностного ориентира, заключающегося в «реформах и инновациях, созидании высокого полёта, возведении зданий высокого качества и осуществлении содействия развитию высококачественных государственных инженерных проектов». Мы завершили высококачественное, высокоэффективное и высокоуровневое строительство архитектурного проекта университета МГУ-ППИ в Шэньчжэне. Реализация архитектурного проекта послужила мостом, соединившим нас узами крепкой дружбы с Московским государственным университетом имени М.В. Ломоносова и Пекинским политехническим институтом. Процесс проектного строительства был тяжелым и сложным: все участники сформировали осознание «мастерства», развили дух «мастера», приняли стремление к идеалу в качестве главного направления работы, сфокусировались на качестве проектирования, строительства, контроля и управления и т.д., постоянно содействовали повышению уровня организации и управления строительством, стремились приблизиться к идеалу.

Генеральный секретарь ЦК КПК Си Цзиньпин отметил, что «архитектура – это нечто, наполненное жизнью, некая застывшая поэма, трехмерная картина, пронзительная нота, стремящаяся к земле. Каждое здание оставляет следы уходящих лет». Процесс строительства университета МГУ-ППИ в Шэньчжэне не только отвечал существующим требованиям функционального использования здания, но и стремился к отражению наибольшего количества культурных и художественных элементов в архитектурном облике, наиболее полному воплощению экологических и природоохранных мер, полноценному удовлетворению потребностей в области современной архитектурной функциональности, человеческой тяги к изысканному качеству. С точки зрения культурной и художественной наполненности архитектурного проекта, университет МГУ-ППИ в Шэньчжэне объединяет такие составные элементы человеческой культуры, как открытость, новаторство, изменчивость и культуру «страны к югу от хребтов» для удовлетворения требований современной функциональности и устойчивого развития. Причиной является то, что архитектурный проект кампуса действительно объединяет в себе современную функциональность, особенности человеческой культуры, эстетику, стремление к экологичности и защите окружающей среды, полностью отражая эстетическое изящество и привкус культуры, что непрерывно увеличивает «ценность» и «характер» университета МГУ-ППИ в Шэньчжэне.

В процессе строительства происходило непрерывное усиление комплексного контроля качества и безопасности, темпов выполнения работ и инвестиционных затрат. Задачи строительства были быстро, эффективно и рационально решены на основе соответствия требованиям позиционирования, функционирования и эксплуатации архитектурного проекта, а также обеспечения низких рисков, высокого качества и высокого уровня на всех этапах строительства. В частности, реализация данного проекта содействовала всестороннему укреплению научного, детализированного и интеллектуального управления, повышению эффективности строительства благодаря внедрению инновационных методов проектирования, применения и продвижения новых технологий и методов, систематическому и упорядоченному стимулированию строительства, безопасному, эффективному и качественному выполнению основных задач строительного процесса, что позволило обеспечить завершение строительства проекта и дальнейший ввод в эксплуатацию в назначенный срок и достигнуть отличных результатов.

Каждое превосходное и величественное архитектурное сооружение – это результат неустанной борьбы и бесчисленных усилий строителей. От имени Департамента строительных работ муниципалитета г. Шэньчжэнь, я хотел бы выразить сердечную благодарность всем строителям, принимавшим участие в возведении университета! Я надеюсь, что благодаря нашей борьбе и усилиям мы продолжим создавать достойные внимания достопримечательности региона «Большого залива» Гуандун-Гонконг-Макао, которые станут отражением высокого качества строительства нашей эпохи и воплощением мастерства!

Секретарь и генеральный директор департамента строительных работ муниципалитета г. Шэньчжэнь

Яо Лян

18 марта 2021 г.

致辞·三
Вступление III

深圳北理莫斯科大学是由中俄两国元首倡议建立的第一所中俄合作大学，承载着人才培养和科技创新的光荣使命。学校以建设独具特色的世界一流国际化综合性研究型大学为目标，为中俄全面战略协作与区域经济社会发展培养高素质创新人才。

深圳北理莫斯科大学选址龙岗区国际大学园，校园设计恰如其分地兼容了中俄两国建筑风格和特色，中外传统文化与现代自然景观在此和谐共生，体现了开放与包容的理念，树立了国际化大学校园设计的新典范。《深圳北理莫斯科大学》的出版将面向全社会展示设计和建设团队耕耘五载的成果，同时为深圳乃至全国的大学校园，尤其是国际化校园的设计提供灵感。

我谨代表深圳北理莫斯科大学向支持本书出版的社会各界表示感谢，祝贺这一孕育着中俄友谊的历史性工程付梓成册！

李和章

深圳北理莫斯科大学校长

李和章

2021 年 1 月 13 日

Университет МГУ-ППИ в Шэньчжэне – первый китайско-российский совместный университет, созданный по инициативе глав председателя КНР и президента РФ, несущий славную миссию подготовки первоклассных специалистов и реализации научно-технических инноваций. Университет символизирует стремление двух стран построить уникальный международный многопрофильный исследовательский университет мирового класса, подготавливающий высококвалифицированные инновационные кадры для всеобъемлющего стратегического сотрудничества между Россией и Китаем и социально-экономического развития региона.

Архитектурный облик кампуса, расположенного в Международной Университетской деревне района Лунган г. Шэньчжэнь, представляет собой сочетание архитектурных стилей и особенностей Китая и России: гармоничное сосуществование традиционной китайской и иностранной культур и современного природного пейзажа отражает концепцию открытости и толерантности, создает новый эталон дизайна кампуса международного университета. Публикация книги «Университет МГУ-ППИ в Шэньчжэне» демонстрирует всему обществу результаты пятилетней работы проектно-строительной группы и в дальнейшем послужит источником вдохновения для проектирования университетских кампусов не только в Шэньчжэне, но и по всей стране, что особенно касается возведения кампусов международных университетов.

От имени университета МГУ-ППИ в Шэньчжэне я хотел бы выразить благодарность сообществу, поддержавшему издание этой книги, и поздравить с выходом в свет исторического проекта – воплощения российско-китайской дружбы!

Ректор университета МГУ-ППИ в Шэньчжэне

Ли Хэчжан

13 января 2021 г.

致辞 · 四
Вступление IV

深圳北理莫斯科大学是中俄两国元首达成重要共识创建的大学，承载着深化中俄教育合作、增进两国人民友谊的重要使命。深圳北理莫斯科大学校园是推进中俄两国文化交流、培养高素质人才的重要载体。

《深圳北理莫斯科大学》一书翔实记载了这一扎根深圳、汇聚八方精英的高层次、高水平的国际高等教育校园的孕育和诞生过程：深圳北理莫斯科大学、深圳市建筑工务署和香港华艺设计顾问（深圳）有限公司与社会各界通力合作，历时 2 年 10 个月打造出一座兼具中式传统建筑特色和俄罗斯建筑风格的现代大学校园，为中外师生的生活和学习提供了独特、舒适的一方天地，中俄文化和教育思想在此地碰撞出耀眼的火花。

值此书出版之际，我衷心希望这座独一无二的校园在深圳建设中国特色社会主义先行示范区、创建社会主义现代化强国的城市范例、打造粤港澳大湾区核心引擎的背景中描绘更壮阔的蓝图。

朱迪俭

深圳北理莫斯科大学党委书记、副校长

2021 年 1 月 13 日

Университет МГУ-ППИ в Шэньчжэне – это университет, в основе которого лежит важный консенсус между главами России и Китая. Данный университет несет ответственность за важную миссию по углублению сотрудничества в области образования между Россией и Китаем и укреплению дружбы между двумя народами. Кампус университета – это важное средство развития культурных обменов между Россией и Китаем и подготовки высококвалифицированных специалистов.

Книга «Университет МГУ-ППИ в Шэньчжэне» – это информативный рассказ о зарождении идеи создания и строительстве кампуса международного высшего образования, характеризующегося высоким уровнем и высоким качеством, берущим начало в Шэньчжэне и объединившего выдающихся людей со всего мира: плодотворное сотрудничество на протяжении 2 лет и 10 месяцев университета МГУ-ППИ в Шэньчжэне, департамента строительных работ муниципалитета г. Шэньчжэнь и ООО «Гонконг Хуаи Дизайн Консалтант» (Шэньчжэнь) позволило создать уникальное и комфортное место для жизни и учебы китайских и иностранных студентов и преподавателей, где происходит замечательное слияние культур России и Китая и идей двух стран в области образования.

По случаю выхода книги я выражаю надежду, что уникальный кампус университета МГУ-ППИ в Шэньчжэне станет величественным планом в контексте великого дела строительства социализма с китайской спецификой в Шэньчжэне, создания города-образца современного, сильного социалистического государства и возведения основного двигателя развития региона «Большого залива» Гуандун-Гонконг-Макао.

Секретарь партийного комитета университета МГУ-ППИ в Шэньчжэне, проректор

Чжу Дицзянь

13 января 2021 г.

致辞 · 五
Вступление V

关于深圳北理莫斯科大学校园建设的决策过程是一段有趣又不简单的历史，几乎可以拍成一部侦探片。

学校最初的设计方案经过了大型的招标，意图建造一些具有南方风格的建筑以适应闷热潮湿的气候，然而如此一来学校将变得没有特色。我作为当时的董事会主席，表达了对该方案的反对。但是我被告知钱已经花了，招标也办完了，什么都改变不了。

我们召开了一场重要的会议，向中国国家领导人反映了情况。时任国务院副总理的刘延东非常及时地介入了该项目，并给出指示：项目需要结合莫斯科大学的建筑特色与中俄的建筑风格。

时任深圳市市长的许勤率领一个庞大的代表团来到莫斯科大学，非常仔细地参观了莫斯科大学校园（尤其是学生宿舍）。由此诞生了今天宏伟的建筑综合体。主楼外观与莫斯科大学相似，但并没有简单地重复列宁山上的那栋建筑。校园里的建筑与景观设计和中式风格的凉亭为大学校园塑造了完整的艺术形象，将现代工程方案与建筑材料有机地结合了起来。

侦探小说般的开头几乎没有在主楼的塔尖上重复——不知何故塔尖呈现出一种极端的黑色（在俄罗斯传统中这是葬礼的颜色）。这使我们不得不再次向高层反映。最终常识取得了胜利，金色的塔尖与五角星庄严而美丽，为整个建筑群带上了桂冠。

我要对中方的建筑师和建设者表示钦佩和感谢，是他们将这些绝美的建筑变为了现实。我们应该在大学里开设一个关于校园建设的博物馆，以视频、照片、实物的方式纪念校园的所有建设者。

谢尔盖 · 沙赫赖
С. М. Шахрай

深圳北理莫斯科大学学术委员会主席、第一副校长

2021 年 1 月 13 日

Процесс принятия решения о строительстве кампуса университета МГУ-ППИ в Шэньчжэне – интересная и необычная история, которую можно было бы запечатлеть в детективном фильме.

Первоначальный архитектурный проект кампуса был выставлен на крупные торги с намерением построить что-то в стиле южного Китая, что соответствовало бы жаркому и влажному климату, но тогда кампус был бы лишен изюминки. Будучи в то время председателем совета директоров, я высказался против этого предложения. Однако мне сообщили, что деньги уже потрачены, торги проведены, и ничего изменить нельзя.

Мы провели важную встречу и разъяснили ситуацию китайским государственным лидерам. Лю Яньдун, занимавший в то время пост вице-премьера Госсовета, своевременно вмешался и дал указания: в проекте должны сочетаться архитектурные стили Московского университета, а также двух стран: Китая и России.

Занимавший в то время пост мэра Шэньчжэня Сюй Цинь во главе большой делегации посетил Московский университет и внимательно осмотрел кампус (особенно студенческие общежития). Это привело к появлению величественного архитектурного комплекса, который существует сегодня. Главное здание похоже на Московский университет, но не дублирует здание, располагающееся на Ленинских горах . Архитектура и ландшафтный дизайн кампуса, а также павильоны в китайском стиле создают целостный художественный образ университетского городка, органично сочетая современные инженерные решения и строительные материалы.

Замысловатое начало истории, напоминающее детективный роман, едва не повторилось на этапе возведения шпиля здания – не знаю, почему, но шпиль университетского здания был чёрного цвета (в русской традиции чёрный цвет – цвет похорон). Это вынудило нас вновь обратиться к вышестоящим лицам. В конце концов здравый смысл восторжествовал: величественный и красивый золотой шпиль, увенчанный пятиконечной звездой, принес лавры всему комплексу.

Я хотел бы выразить свое восхищение и благодарность китайским архитекторам и строителям, воплотившим в жизнь архитектурный проект этого потрясающего здания. Мы должны открыть в университете музей строительства кампуса, чтобы с помощью видеозаписей, фотографий и экспозиций оставить на многие годы память о всех строителях кампуса.

Председатель учёного совета университета МГУ-ППИ в Шэньчжэне, первый проректор
С. М. Шахрай
13 января 2021 г.

目录

绪言：
文化传承·融合创新——深圳北理莫斯科大学的设计求索

Предисловие:
Культурное наследие, синтез и инновации — проектные требования университета МГУ-ППИ в Шэньчжэне

深圳作为改革开放的"试验田""排头兵"及"标杆地"，40 年来已从一个仅有 3 万多人口的边陲小镇，发展成为一座拥有 2 000 多万人口的国家创新型示范城市。深圳环境优美，功能完备，既创新时尚，又不乏城市文化追求，并在各方面向全球"创新之都"迈进。从营造卓越全球城市的目标看，深圳不愧是中国创新城市道路上的一个鲜活样本。2019 年 7 月发布的《中共中央、国务院关于支持深圳建设中国特色社会主义先行示范区的意见》及 2020 年 10 月习近平主席在深圳经济特区成立 40 周年庆祝大会上的讲话，都表明深圳之所以能始终引领"中国发展奇迹"，是因为它坚持制度机制创新与改革开放。

2019 年 12 月由深圳市住房和建设局、深圳市土木建筑学会主编的《深圳土木 40 年》一书正式出版，该书全面总结了 40 年来深圳城市建设的成就，阐述了对未来的思考和对深圳建筑 40 年的回顾与展望，回答了在深圳发展速度下，深圳是何以打造"深圳标杆"并谱写"深圳奇迹"的。该书在关注湾区发展、改善民生福祉章节，特别列举了从 1986 年到 2019 年先后建成的 80 个典型项目，其中第 71 项是 2019 年竣工的深圳北理莫斯科大学（以下简称"深北莫"），它成为深圳建筑 40 年推介项目中唯一完整的高校建筑项目。深圳始终视人才为第一要务，校园建设不仅是城市文化基因形成之本，更决定了城市建设的文化视野与格局，也是从"文化沙漠"走向"文化绿洲"的必经途径。据不完全统计，从 2007 年至 2017 年仅 10 年间，深圳各类学校共增加了 970 所，深圳北理莫斯科大学校园成为其中的代表作。它的建成与运营充分说明，合作办高校在深圳已形成了有中国特色的新方案。

1	湖水倒映中的校园主体建筑

项目创办历程

党的"十八大"以来，习近平主席提出的"一带一路"倡议得到国际社会，尤其是"一带一路"沿线国家的热烈响应，体现在中国教育国际交流合作的顶层设计上，它就是中国教育走向世界

舞台中央的路线图。俄罗斯作为较早响应"一带一路"倡议的东北亚重要支点国家，率先与中国共同开展"一带一路"沿线国家之间的高层次人才培养，深北莫项目恰成为其中极具代表性的标志性事件。主要节点回顾如下：

2014 年 4 月 16 日，深圳市人民政府、莫斯科国立罗蒙诺索夫大学（以下简称"莫斯科大学"）、北京理工大学签署了高等教育合作办学机构的备忘录；

2014 年 5 月 20 日，在习近平主席与普京总统的共同见证下，两国教育部签署合作举办"中俄大学"的谅解备忘录；

2014 年 9 月 10 日，深圳北理莫斯科大学建设工程项目建议书获深圳市发展和改革委员会（以下简称"深圳市发改委"）批复；

2014 年 10 月 12 日，深圳市人民政府办公会议明确由深圳市建筑工务署（以下简称"深圳工务署"）牵头成立校园建设工作协调小组，制订详细的建设计划推进校园建设；

2015 年 5 月 18 日，深圳工务署公示深圳北理莫斯科大学建设工程项目规划及方案设计评标入选方案，确定深圳大学建筑设计研究院（以下简称"深大设计院"）为项目规划、方案设计和初步设计单位；

2015 年 8 月 31 日，教育部正式批准北京理工大学与莫斯科大学合作在深圳筹备设立具有法人资格的中外合作办学机构——深圳北理莫斯科大学（筹）。

2015 年 12 月末至 2016 年 2 月，经三轮筛选，香港华艺设计顾问（深圳）有限公司（以下简称"华艺设计"）的立面设计方案取得优胜，获得深圳工务署、深北莫校方及市领导的一致认可，此后与原方案中标单位（深大设计院）共同完成整体校园的立面设计；

2016 年 4 月 11 日，深圳工务署对深北莫项目各单体建筑（除学生、教师宿舍楼外）施工图设计进行招标评审，华艺设计从中胜出；

2016 年 5 月 6 日，深圳北理莫斯科大学永久校区奠基；

2016 年 6 月 25 日，《中华人民共和国和俄罗斯联邦联合声明》中明确指出，深圳北理莫斯科大学是重点办好的合作项目之一；

2016 年 8 月 1 日，深大设计院完成初步设计，并就设计文件向施工图设计单位华艺设计交底，标志着施工图设计正式启动；

2016 年 8 月 12 日，深圳华森建筑与工程设计顾问有限公司（以下简称"华森设计"）与深北莫签订宿舍楼施工图设计合同；

2016 年 10 月 27 日，教育部批准正式设立深圳北理莫斯科大学；

2016 年 12 月，中国建筑一局（集团）有限公司（以下简称"中建一局"）和中国建筑第八工程局有限公司（以下简称"中建八局"）分别与深北莫签订一标段及二标段施工总包合同；

2017 年 8 月 30 日，作为永久校区标志性建筑的 156 m 高的"深北莫之星"顺利吊装完成，大学主体结构大部分封顶；

2017 年 9 月 13 日，学校举行隆重的开学典礼，习近平主席及普京总统分别向学校发来贺词，标志着中俄第一所具有里程碑意义的联合大学正式落户深圳；

2019 年 7 月 19—29 日，学校竣工验收并交付使用。

1   从校园东侧通道看主楼

2   从校园南侧景观带看主楼

3   从校园生活区看主楼

4   从校园中央广场看主楼

1

2

3

4

项目建设思想

深北莫的创办乃时代之机遇，它的使命是满足中俄两国战略合作交流需求及服务区域社会经济发展。深北莫使深圳成为国际高端教育的孵化基地，它在多元文化融合发展实践中，探索一种国际化合作教学与人才培养的创新范式；深北莫作为开创中俄高等教育合作办学先河的高校，要在建设上不断寻求创新主题，使中俄高等教育合作模式得以准确落实，要关注以下几个方面。

其一，中俄两国在诸多方面（如国情、气候环境、文化传统、大学运行机制、办学理念、生活方式等）虽有共同点，但也存在较大的差异性，如何实现二者的有效融合的确给建筑师带来较大的困难与挑战。

1

其二，作为国内第一所中俄全面合作的大学，国内缺乏可借鉴的成熟经验，没有很多的模式与体例可供参考，学校的教学管理模式和建筑设计在国内均是首创，这都将对校园的规划及设计提出更高的要求，同时，学校未来也需不断地摸索前进。

其三，深圳市作为现代创新型国际发展城市，应在建筑设计中创新地体现地域文化性。深北莫作为国际化高水平高校，其校园设计既要满足现代高等教育文化传播和科研实践之需求，又要赋予建筑物以当代建筑的特征。从扛起改革开放的责任和彰显敢闯敢试的城市品格出发，深北莫项目是难得的机遇，更是对先锋之城设计单位的巨大挑战，所以在实践中求索是深北莫校园设计的坚守。

总体空间设计

深北莫选址深圳市大运新城西南部，紧临龙口水库、大运自然公园及香港中文大学（深圳）校区，距大运中心 1.4 km。总体空间设计要同时考虑地域特征、布局、模式、空间格局、人文精神等要素，在体现北京理工大学与莫斯科大学各自办学理念的同时，融合中西建筑文化特点，营造可持续发展的生态与人文校园。

深北莫作为国内第一所引进俄罗斯优质高等教育资源、具有独立法人资格的中俄合作大学，通过融汇两所高校的办学理念与教学特征，实现二者的优势互补，继而创造出既与国际接轨又具有中国特色的学科和人才培养模式。深北莫与以往国内多所中外联办学校的重大区别在于，它在办学前期会引入大量的外籍老师，莫斯科大学的教师占比接近80%，其余教师则来自北京理工大学或通过国际招聘而来，学生主要为中国本土学生。这种特殊的办学模式对空间营造的要求更高。深北莫强调开展精英教育，整体采用小班教学模式，学生与教师之间密切的关联互动性对校园开放空间的设计提出了新的要求。从文化背景看，两国政府对深北莫的创建不断提出更高的要求，要求它在办学理念和教育体系上能够迅速适应国情，且整个校园的规划设计能满足双方人员教学和文化生活需求。从空间区位看，深圳位于低纬度地区，莫斯科和北京均处于高纬度地区，三者之间的气候环境迥异，学校的规划及功能设计需要整合三地的建筑文化特征，最大化实现建筑形式与气候的适应，这对综合空间设计提出新要求。从使用群体看，整个学校所承载的不仅是中国人的使用需求，还有外籍人员的工作和生活需求，校园空间的设计需要考虑使用人群的多元化和复杂化。扎根于深圳的深北莫不仅是一座现代化国际高校，还应是一个融合中外文化符号象征、有高校社区内涵的新社区文化空间。以上都是由本项目的背景和需求特点产生的对建筑设计的挑战，建筑师要把这个项目设计好，除了需要再学习以拓宽视野外，还需要具备迎难而上的决心与勇气。

1　　主楼南侧的中央广场及图书馆

2　　高层宿舍楼

3　　体育馆与室外篮球场

设计结合自然

深北莫的深化设计期，正值 2015 年中央城市工作会议召开之际，同时伴随着深圳新一轮城市总体规划（2016—2035 年）的编制，提出了从深圳现象与特征出发的"更开放、更聚集、更国际化、更有个性、面向世界的深圳家园"的愿景。深圳是全国第一批城市设计试点城市，而深北莫项目无疑是深圳在校园建筑群的规划设计上领跑城市设计的代表作。对照深圳启动的"6+2"城市设计行动（即六类项目行动和两方面创新计划），深北莫的设计实践是一次创新探索。六类项目指"山海连城、亲水生活、品质活力、风貌特色、标杆片区与湾区海岸"，在深北莫项目中都能找到实践样板，而两方面创新——"制度机制创新、设计技术创新"更成为确保整合项目设计全过程品质的要素。

整个学校的建设用地位于深圳市龙岗区龙城街道大运新城西南部，距龙岗中心城区不足 6 km。项目所处位置有得天独厚的环境资源和各种生活配套，可以为大

1

2

学校园提供较为完善的配套服务，能满足师生课余生活的需求，是当今建设大学校园的理想用地。从项目定位看，深圳市政府高度重视学校的筹建工作，通过引入国际化学术机构实现与国际平台接轨，综合提升整个城市的科技、学术发展水平，以弥补深圳市科教文化建设短板。龙岗区作为深圳市重要的产业大区和人口大区，也是深圳市以国际高端教育为引领、产学研一体化发展的重点区域，深圳国际大学园成为龙岗创新驱动发展的智能核心。深北莫必将为龙岗的发展带来更多的机遇，未来，这里还将不断聚集创新科技产业和高品质公共服务空间。

深北莫的设计正基于学校对校园规划与设计提出的总要求，依据校园整体规划设计理念将校园划分为行政教学区、生活运动区和山水景观区，功能分区明确，轴线关系清晰。充分运用顺应"地势"的造园手法，将校园与周边自然环境相结合，由此形成校园的基本规则布局。整体规划利

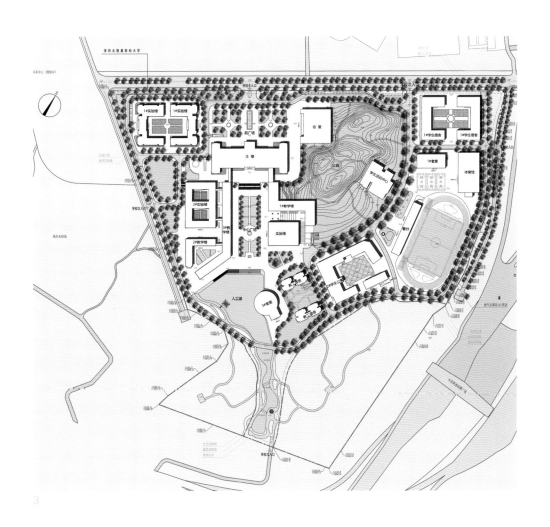

3

用场地现状，充分考虑校园空间与南面山体之间的关联，规划布局疏密有致、尺度适宜。通过主次空间的串联，组成清晰明确的空间框架，并通过高低错落和形态多样的单体建筑组合，使校园的空间层次和天际线愈加丰富。整个校园空间大面积采用开放、半开放式的庭院组合关系，为师生提供丰富的校园空间体验。这所用世界眼光打造的国际化现代高校，其校园布局既有彰显俄罗斯建筑特色的中央哥特式塔楼建筑，又有富含中国元素的园林景观，充分体现出在中华文化根基上中俄两国建筑文化的交汇与融合。

1　校园中随处可见的中式亭子，与俄式古典主义风格建筑相映成趣

融合中俄文化

深北莫作为中俄两国师生共同学习与生活的高校社区场所，在建筑设计上充分考虑了师生的教学与生活空间需求，是现代高校社区理念的绝好实践。深北莫的教学主要以莫斯科大学为主导，它采用莫斯科大学沉浸式教学方法，营造以俄语为主的小班教学体系。深北莫在第一学期除了开设俄语课程外，还开设了思想政治理论、体育、军事理论、英语等其他课程，以更加全面地培养复合型人才。至此，深北莫成为采用汉语、俄语、英语三种语言进行教学的中外合作高校。整个校园从公共空间设计和建筑细部设计两方面出发，实现学校对师生人性化的关怀和培养综合人才的教育需求。

新中国自 20 世纪 50 年代初便积极推广和诠释苏联建筑理论及形式，特别是在与中国民族形式的结合上也进行了探索。1952 年末的《人民日报》特别发表梁思成的文章，对苏联的建筑理论进行了概括总结。1953 年开始建设、1954 年 9 月竣工的北京展览馆是典型的苏式建筑风格公共建筑。该建筑坐北朝南，平面呈"山"字形，主体建筑为 1 层，局部设有 2 层。外立面为中心对称式，钟楼高耸，杆塔高达 87 m，塔尖设有一枚巨大的红星，塔基平台四角各设有一个金顶凉亭。后期建设的上海展览馆同样呈现该类建筑风格。1952 年全国院系调整后的部分高校相继沿袭了苏联建筑的风格，其代表性建筑包括武汉理工大学余家头校区主教学楼、黑龙江大学主楼、哈尔滨工业大学主楼、西安电子科技大学主楼、南开大学主楼、北京理工大学主楼、四川大学理科楼、合肥工业大学主楼等。这些高校在保持必要的中国建筑文化传统的同时，参照了莫斯科大学的主楼风格，即强调中心轴线对称，建筑的立面采用古典建筑的比例，即竖向三段式、横向五段式，突出韵律感，庄严且肃穆，强调向上的挺拔气势。20 世纪 50 年代仿苏高校建筑已成当时的设计文化坐标，具有无法磨灭的建筑与城市记忆，它们是大学悠久历史的写照，其中不少项目还被纳入国家、省、市级的文物保护名单。在改革开放 35 周年前后推进的深北莫校园设计，既要体现中俄两国建筑与意识形态的联系，也要使建筑艺术在形式上有立场、有区别、能融合，体现新时代建筑创作的百花齐放。据此，在"适用、经济、绿色、美观"的建筑方针下，深北莫的整体与单体设计有如下典型表征。

1

1. 公共空间的氛围营造

整个校园的室内外开放共享空间为学生提供了丰富的公共活动场所，不仅能够促进师生之间的交流，还能够让校园空间充满活力。整个校园空间以轴线串联，既有俄罗斯校园建筑庄严对称的经典布局，又通过多个广场空间的序列变化营造出"起、承、转、合"的中式传统建筑空间的布局。

以主楼、会堂以及 1# 实验楼围合形成的校园前广场为例，宽阔宏大的空间布局与学校主楼相呼应，衬托出整个校园空间的恢宏气势，同时它也形成了校园空间的第一序列。

2

3

主楼之后的中心广场建筑群，包括图书馆、教学楼以及实验楼，是校园学习最重要的场所。各
建筑沿中心草坪两侧以错落有致的形态展开，通过架空、中庭、围合等建筑手法，形成互相渗
透的室内外空间，为师生提供有别于传统校园的丰富空间体验。穿过中心庭院的山水景观区是
整个校园空间的点睛之笔，教学区绿化布局与建筑风格协调，采用现代欧式园林风格；人工湖
及中心山体采用意境悠远的中式园林风格；水榭采用中国古典建筑中传统的榫卯结构设计；植
物配置方面则充分考虑深圳气候特征，对乔木、灌木和地被进行组合搭配。校园作为师生生活、
学习的关键场所，一并考虑对欧式和中式园林的实践，以现代主义的设计手法对传统设计元素
进行简化与提炼，结合深圳市的气候环境特征，从而形成融合中俄建筑特征的现代化校园景观。

1　　校园前广场（效果图）

2　　山水景观区

3　　从湖水南岸遥望主体建筑群

41

2. 单体设计的精细推敲

深北莫的建筑群遵循"以人为本"的现代主义精神，其建筑空间满足了中俄师生的实际需求，同时创造了充满活力的校园。整个校园建筑的形象设计采用融俄罗斯传统建筑风格和现代中国建筑风格为一体的立面风格，尤其重视建筑细节的控制和把握，在严格按限额建设和限定工期的条件下，专注于可实施的细节控制和精益求精，从细节着手打造深北莫的历史感、艺术感以及空间秩序感。下面对其单体设计做出概括描述。

（1）主楼设计：整个校园建筑借鉴传统俄罗斯建筑立面，采用黄金麻色和木玛丽色作为主色调。主楼外立面镶嵌玻璃幕墙，在保持其庄重、严谨风格的同时，也将俄罗斯元素融入岭南建筑的地理气候环境，显得庄重而不失活泼，实现了传统要素与现代化之间的融合。学校入口前广场处突出中央主楼，在空间组织上，采用严谨的中轴对称式布局。中央

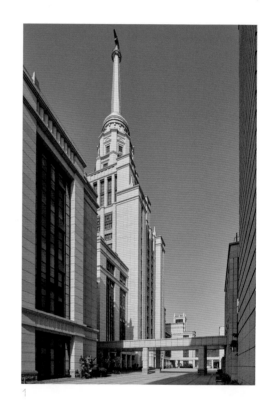

1

2

1   在实验楼南侧仰望主楼

2   主楼及前广场正立面

3   主楼门厅

1

2

3

4

主楼立面采用庄重的三段式构图，大量使用了竖向线条，建筑体量自下而上逐级收分，将人的视线引向高处，最终汇聚到挺拔且修长的哥特式尖塔上。主楼东、西两侧分别为会堂和实验楼，在采用相似高度及体量的同时并不追求完全相同的立面构造，依据各自的使用功能形成了各自的特点，给人以水平舒展的感觉。建筑采用富有质感的花岗岩墙面装饰，整体典雅大气。整组建筑设计手法简约而凝练，彰显建筑本身非凡的气势和标志性。

（2）会堂设计：会堂位于校园教学区，主立面以高耸的柱廊为设计母题，在强调竖向肌理的同

1　会堂一侧走廊

2　会堂内部舞蹈练习室

3　会室入口序厅

4　位于前广场东侧的会堂

时，增强了建筑的序列感、围合感、厚重感，表现了会堂的独特气质。柱廊形成的入口空间吸收了岭南建筑"骑楼"的建筑形式，既能适应深圳地区的气候环境特点，起到遮阳避雨的作用，也能起到交通引流的导向作用。整个建筑将莫斯科大学的恢宏大气、北京理工大学的厚重沉稳与南方建筑的通透明朗、蓬勃朝气有机结合，体现了校园各建筑群高度融合的特征。在会堂的建筑细部上采用古典与现代相结合的风格，将中俄两国传统建筑元素中的装饰线条、屋顶角塔及柱式充分展示在建筑的细部设计之中。

（3）中心广场建筑群设计：中心广场建筑群主要由实验楼、教学楼以及图书馆围合而成，各个建筑的立面巧妙地采用中俄建筑风格并使之融合。2#、3# 教学楼与 2# 实验楼通过架空层、空中连廊等方式相互连接，形成相互渗透的室内外空间。深北莫图书馆建筑主体位居校园中心位置，具有显著的标志性，内部功能设置合理，阅读与研习功能齐全。图书馆设计风格与校园整体一致，中俄元素的建筑设计细节相得益彰。凡漫步校园中的师生与观者，都会沉浸在有中西融合建筑韵味的校园广场及景观氛围中，都将赞叹建筑设计圆满实现了不同地域与文化的结合。

1　　校园主轴线两侧建筑航拍掠影
2　　图书馆顶层圆厅葵花吊顶

2

1　图书馆及其与 1# 教学楼间的连廊
2　图书馆顶层圆厅外廊
3　图书馆内部楼梯
4　图书馆服务大厅

1

结语

深圳北理莫斯科大学的建筑设计是在特定的历史条件与特定的创新之城的背景下产生的，是深圳探索跨国教育的崭新尝试。经过中俄双方的不断努力，最终满足了双方对校园建设的要求，并准时完成了项目的交付使用与运营。深北莫建成与运营的初步尝试已经引起了社会各界人士的关注，它的设计及实施效果期待更多使用者的反馈与评价。从建筑文化传承与创新的中外融合角度看，如今的深北莫不失为总体上中俄风格较完美融合的 21 世纪新校园建筑风格。它是中俄双方高等教育相互合作的完满载体，尽管从科学理性的角度，我们需要再探索的设计与管理问题还很多，但深北莫作为传承世界 20 世纪建筑遗产精神，绽放 21 世纪当代建筑风采，以国际视野打造的亦传承、亦创新的新作品，是岁月与建筑师创作的经典见证，定会载入当代中俄两国高等教育建筑遗产的史册。

（文 / 香港华艺设计顾问（深圳）有限公司总经理 陈日飙）

2

3

4

概述
Общие сведения

深圳北理莫斯科大学建设工程项目简介
Краткое описание строительного проекта совместного университета МГУ-ППИ в Шэньчжэне

项目背景

2014 年 4 月 16 日，深圳市政府与莫斯科国立罗蒙诺索夫大学、北京理工大学签署了《北京理工大学、莫斯科国立罗蒙诺索夫大学、深圳市人民政府关于深圳举办高等教育合作办学机构的备忘录》， 就三方在深圳合作办学达成初步共识。

2014 年 5 月 20 日，在习近平主席和普京总统的共同见证下，中国教育部副部长郝平与俄罗斯联邦教育科学部第一副部长特列季亚克在上海共同签署《中华人民共和国教育部与俄罗斯联邦教育科学部关于北京理工大学与莫斯科国立罗蒙诺索夫大学合作举办"中俄大学"的谅解备忘录》。

2014 年 9 月 10 日，深圳市发改委下发《关于深圳北理莫斯科大学建设工程项目意见书的批复》（深发改〔2014〕1224 号）。

2014 年 11 月，深圳市建筑工务署全面开展前期工作。

办学目标

学校以建成世界一流的独具特色的综合性大学为目标，致力于开展精英教育和高水平研究活动，面向全球科技及经济发展，为中俄战略合作与区域经济社会发展培养高质量人才，提供高水平学术成果。

办学层次与规模

深圳北理莫斯科大学的办学层次为本科生、硕士研究生、博士研究生学历教育及非学历教育。学校成立后的第 1~5 年，每年招生 300~500 人，远期办学规模为 5 000 人，本科生与研究生的比例为 1:1。

根据规划，在校生规模为 5 000 人，需求教职工共计 1 042 人，其中教师 625 人，党政管理人员 417 人。

学科设置

目前学校开设俄语、数学与应用数学、国际经济与贸易、材料科学与工程、生物科学、经济学、电子与计算机工程 7 个本科专业，生物学、语言学和地理学 3 个硕士专业，俄语语言文学、生物学 2 个博士专业。

校园中央广场鸟瞰

1

必配建设内容标准规模

教室：按生均教室建筑面积指标 2.88 m² 测算。

实验室：按生均实验室面积指标 6.75 m² 测算。

图书馆：按生均图书馆面积指标 2 m² 测算。

室内体育用房：按生均体育用房面积指标 1.11 m² 测算。

校行政办公用房：按生均校行政办公用房面积指标 0.8 m² 测算。

院系及教师办公用房：按生均院系及教师办公用房面积指标 1.31 m² 测算。

师生活动用房：按生均师生活动用房面积指标 0.4 m² 测算。

会堂：按生均会堂面积指标 0.5 m² 测算。

学生公寓：按生均学生公寓面积指标 10 m² 测算。

食堂：按生均食堂面积指标 1.3 m² 测算。

教师公寓：按生均教师公寓面积指标 0.5 m² 测算。

后勤及附属用房：按生均后勤及附属用房面积指标 1.94 m² 测算。

2

项目建设情况

深圳北理莫斯科大学建设工程项目位于深圳市龙岗区龙城街道大运新城西南部。办学规模为全日制在校生 5 000 人，建设教学区和生活区 21 栋单体建筑，用地面积为 333 694 m²，总建筑面积为 300 242.79 m²，主要建设内容为新建主楼、图书馆、会堂、实验楼、教学楼、学生活动中心、宿舍楼（教师及学生）、食堂、体育馆、田径运动场及室外配套（校区道路、校门、值班室、景观绿化、篮球场、水电管网等）工程。

学生及教师宿舍楼：其中一人间 1 051 间、两人间 1 182 间、四人间 648 间。

会堂：一层观众厅 780 座，楼座观众厅 234 座，共 1 014 座。

教学楼：1# 教学楼，30 人教室 40 间，60 人教室 6 间；2# 教学楼，30 人教室 17 间，60 人教室 9 间；3# 教学楼，一层有 6 个展厅、1 个咖啡厅，2~3 层为教室，其中 120 人和 200 人阶梯教室各 4 间，30 人教室 9 间，60 人教室 4 间。

实验楼：共设有大、中、小各类实验室共 296 间。

本项目概算总投资为 204 285.00 万元。截至 2020 年底，深圳市发改委累计下达投资计划总额为 169 300 万元。

1. 设计理念

1）前广场建筑群

前广场建筑群包括主楼、会堂以及 1# 实验楼，沿校园主入口北面规划一路展开，是校园最重要的沿街展示面。建筑以浅色石材为主要立面材料，局部镶嵌玻璃幕墙，在保持其庄重、严谨风格的同时，亦不失南方建筑的轻快活泼。

前广场建筑以主楼为主体，主楼采用庄重的三段式与严谨的中轴对称式布局，中央哥特式塔楼高耸突出，两侧副楼对称布局，且沿水平方向舒展，自下而上如三角形般的构图不但稳健，而且具有典型的俄式建筑特征。主楼立面采用竖向线条，将人的视线引向高处，建筑体量亦自下而上逐级收分，最后汇聚成挺拔修长的尖塔，彰显其非凡气势和标志性。

2）中心广场建筑群

中心广场建筑群包括图书馆、教学楼以及实验楼，是校园学习最重要的场所，各建筑围绕中心草坪依次展开，错落有致。为营造出有别于传统

3

4

1	体育场主席台背部结构
2	1# 教学楼与主楼南立面
3	3# 教学楼
4	宿舍楼

1

校园的现代校园空间体验，设计灵活采用架空、中庭、围合等建筑手法，形成室内外相互渗透的空间。

图书馆建筑面积约为 14 364 m²，地上建筑共 9 层，建筑高度为 48.95 m，平面呈方形，图书馆与 1# 教学楼相邻， 北侧与 1# 教学楼围合形成活跃的学生交流空间。图书馆二层设置 2 层通高的阅览大厅，顶层为国际交流中心，环形外廊具有良好的景观视线。

教学区采用简化抽象的俄式古典风格，各教学楼与实验楼通过架空层、空中连廊等方式相互连接，形成便利的交通体系。

3）生活运动区建筑群

生活运动区包括学生宿舍、教师宿舍、食堂、体育场馆、学生活动中心等，该区域的建筑风格与校园主体保持一致，同时根据功能布局以及施工模块化的要求对立面进行简化，使其兼具现代化和人性化。

4）山水景观区

作为一所由莫斯科大学、北京理工大学与深圳市人民政府三方合办的大学校园，景观设计对欧式和中式园林的特点进行了简化和提炼，并结合深圳的气候特征，形成三方融合的自然风格。

其中行政教学区采用现代欧式园林风格，与建筑既有风格形成统一；南侧的人工湖及山体则采用中式园林风格布局，中式古典水榭及亭台穿插其间，含蓄隽永，意境悠远；绿植方面采用乔木、灌木和地被组合搭配，形成了适应地域特征的设计方案。

2. 本项目参建单位

建设单位

深圳市建筑工务署工程管理中心

工程需求与设计管理（含可行性研究）单位

广州宏达工程顾问集团有限公司

深圳市工大国际工程设计有限公司

深圳市全至工程咨询有限公司

校园规划设计单位

深圳大学建筑设计研究院有限公司和皮尔帕克（北京）

建筑设计咨询有限公司上海分公司联合体

建筑方案设计单位

深圳大学建筑设计研究院有限公司

香港华艺设计顾问（深圳）有限公司

施工图设计单位

香港华艺设计顾问（深圳）有限公司

深圳华森建筑与工程设计顾问有限公司

深圳大学建筑设计研究院有限公司

监理单位

深圳市京圳工程咨询有限公司（一标段施工监理）

深圳市东部建设监理有限责任公司（二标段施工监理）

深圳市环境工程科学技术中心有限公司

深圳市燃气工程监理有限公司

一标段施工总承包单位

中国建筑一局（集团）有限公司

二标段施工总承包单位

中国建筑第八工程局有限公司

防水工程施工单位

广东东方雨虹防水工程有限公司

人防工程施工单位

深圳市南山人防工程防护设备有限公司

体育工艺施工单位
深圳市航天新材科技有限公司

幕墙工程施工单位
深圳市科源建设集团有限公司

电梯设备采购及安装工程施工单位
日立电梯（中国）有限公司

景观绿化施工单位
深圳市鹏森环境绿化工程有限公司

精装修单位
广东省美术设计装修工程有限公司和荷兰 NEXT 建筑事务所联合体

一标段智能化工程施工单位
深圳市星火电子工程公司

二标段智能化工程施工单位
广东省工业设备安装有限公司

造价咨询单位
深圳市诚信行工程咨询有限公司

场平单位
深圳地质建设工程公司

BIM 咨询与服务团队
中车信息技术有限公司

检测单位
深圳市建设工程质量检测中心

外墙涂料供应及施工单位
四国化研（上海）有限公司
深圳市建宇实业发展有限公司
庞贝捷涂料（上海）有限公司
深圳市新宝通建设集团有限公司

古建筑及泛光施工单位
湖北殷祖古建园林工程有限公司
深圳明之辉建设工程有限公司

水土保持监测单位
深圳市深水水务咨询有限公司

供货电缆单位
江苏亨通电力电缆有限公司

1　　　　　　　　　　　　　　　　　　　2

3. 项目进展情况

本项目于 2019 年 7 月底全面交付使用。

施工管理亮点

（1）节点工期目标全面实现。从桩基础开工到结构主体完成仅用了 9 个月，2017 年 8 月 30 日，作为永久校区标志性建筑的 156 m 高的"深北莫之星"吊装完成，标志着本项目以深圳速度提前封顶。

（2）安全文明施工成果显著，多次获得全市"安全生产示范工地"称号。

（3）工程质量稳定可控。

（4）"市政先行""智慧工地""BIM（即建筑信息模型）应用"成果突出。深圳北理莫斯科大学建设工程项目实现 BIM 管理常态化，以 BIM 为抓手，推动数字化建设。以科技助推管理，引入智慧工地，精简管理流程，提高管理效率。BIM 管理的实施运用，从图纸深化到管线深化再到钢结构安装，为市政先行、永临结合提供施工保障，从安全策划到质量管控，全面开展智慧工地建设模式。项目 BIM 在 2018 年荣获第四届"科创杯"中国 BIM 大赛施工组三等奖、第四届 buildingSMART 国际 BIM 大赛最佳创新建筑企业奖，屡获奖项标志着项目 BIM 技术应用达到行业领先水平。项目未来将全面践行 BIM+ 智慧建造战略，将 BIM 信息化技术与传统工程管理模式相结合，探索出基于 BIM 技术的项目管理新模式，形成符合项目定位的 BIM 应用成果，运用信息化手段建设精品工程，助力深圳打造国家智慧城市标杆。

（5）绿色建造与生态建造贯穿全生命周期。项目始终秉承"绿色施工、生态建造"的建设理念，通过在全项目范围内应用人车分流、扬尘在线检测系统、自动喷淋系统、太阳能风能路灯、雨水收集系统等数十项绿色施工措施，最大限度地节约资源，减少污染，打造与自然和谐共生的建筑。

（文 / 深圳市建筑工务署工程管理中心深圳北理莫斯科大学项目组
项目主任郭晨光、项目副主任戴松涛）

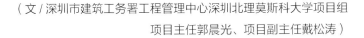

1	"深北莫之星"吊装施工
2	绿色工地
3	智慧工地体验馆
4	机电样板展示

深圳北理莫斯科大学管理咨询单位及设计单位人员名单
Отдел управленческого консалтинга университета МГУ-ППИ в Шэньчжэне и список задействованных в проекте лиц

建设单位	**深圳市建筑工务署工程管理中心**
使用单位	**深圳北理莫斯科大学**
设计单位及主要设计人员	**深圳大学建筑设计研究院有限公司和皮尔帕克（北京）建筑设计咨询有限公司上海分公司联合体**

深圳大学建筑设计研究院有限公司：

龚维敏	卢 暘	艾志刚	梁 茵	梁思达	刘 畅	张正国	刘 目	武迎建	谢 蓉
刘中平	王宏越	韩国园	陈爱莲	唐 进	张 赫	赖文威	申小琪	郑敏瑜	杨 钧
肖 昱	庄巧俐	何应伟	钟 洋	卢力齐	蔡丹确	陈 丹	周天养	雍 勇	李 赫
王伟方	叶志恩	吴 震	王婷婷	刘 强	瞿雅琴	甘 水	王竟喆	王志刚	赖美蓉
何小明	宋宝林	叶桂灵	叶宇灏	郑方舟	李东恒	詹昌润	张俊华	范 奎	段佶轩
胡敏思	张晓薇	张 苑	吴梓荣	唐公明					

皮尔帕克（北京）建筑设计咨询有限公司上海分公司：

章 欢	奚忠伟	罗杰·巴特斯比

香港华艺设计顾问（深圳）有限公司

陆 强	宋云岚	张才勇	王博然	曲 鹏	石 莹	叶 鹏	徐基云	陈 功	劳玉明
阳 虹	张耀龙	马国新	陈日飙	付玉武	周 新	孙 华	黎 正	宋红伟	曾一龙
杨 璇	高 叶	胡 涛	过 泓	于桂明	李秀明	李佳睿	周晓光	龚正炉	金 秋
刘 群	孙 杨	牛国祥	覃高明	王 超	夏熙尧	张志威	钟惠军	雷世杰	李细浪
黄值有	陈 露	李瑞杰	卓华川	张育爱	丁余作	刘文来	曹 焕	黄超宇	刘文杰
叶 凌	张 毅	刘相前	闫鹏飞	郑文国	方 金	凌 云	齐国辉	李贵平	邓国才
杜昕芮	蔡 浩	李 琼	黄俊飞	覃海师	钟妙茹	王 鑫	姚 健	徐 静	谢 莉
周 攀	刘 海	许伟东	蔡广剑	黄瑞芝	赵世斌	胡俞晨			

深圳华森建筑与工程设计顾问有限公司

张惠锋	白 威	杨静宁	高 峰	许文潇	练贤荣	王卫忠	李文斌	章 炯	王于虎
万彩云	陈 珂	张连程	陀松蔚	习坚彬	唐家琪	李百公	张立军	王 岩	李 丛
周克晶	刘 磊	李仁兵	姜冬冬	薛 娟	朱 健	赵 杨	周超颖	吴志光	陈 珂
张 锐	廖梓健	彭 辉	樊培良	余龙飞	高 健	梁文泽	赵韶美	贺天云	项赵成
王晓亮	邱士平	曾 靖	冼可乐	李 宇	谢 荣	林 瑾	王一鸣	黄婷婷	巫冬阳
路 嘉	杨秋萍	闫 飞	费 佳						

精装修单位及设计人员

广东省美术设计装修工程有限公司和荷兰 NEXT 建筑事务所联合体

广东省美术设计装修工程有限公司

陈利生	汪稼民	邹树根	黄 耀	黄永明	黄军尧	陈振武	彭伟华	林中朗

荷兰 NEXT 建筑事务所

John van de Water

工程需求与设计管理（含可行性研究）单位

广州宏达工程顾问集团有限公司

深圳市工大国际工程设计有限公司

深圳市全至工程咨询有限公司

勘察单位

深圳市工勘岩土集团有限公司

建筑的生成
Рождение здания

精粹交融 · 行稳致远
——关于深北莫校园前广场风貌设计的思考与实践

Совершенство и интеграция, устойчивость и стабильность — анализ и практическая реализация проекта архитектурного облика площади перед университетом МГУ-ППИ в Шэньчжэне

—

在"深北莫之星"吊装完成的那一刻，整个校园的至高点与天际线被清晰定义，而所有关于这座校园的担心和疑虑也在这一刻一消而散……

深圳北理莫斯科大学的校园整体规划与建筑方案设计，如同这两所知名学府的"联姻"一样，从一开始便受到各界持续高度关注，从地方工务署到深圳市政府再到国家层面，无一不在想象和期待着这所高规格的深北莫的诞生。在深入参与项目之前，我们可以清清楚楚地感受到其耀眼的光环。自然，这光环也成为整个校园在设计过程中极其重要且无法忽略的"设计条件"。尤其在逐渐了解项目的各方诉求之后，更深刻体会到这一次方案设计探索不单是常规地寻求场地、环境、城市之间对话的过程，这所校园更像一座里程碑，要成为中俄两国之间睦邻合作历史上的友好新注脚，似乎，这才是需要设计悉心转译的重要信息。

然而这非同一般的工程项目，最初也是不着痕迹地萌芽破土，只在某个平常的工作日下午，关于深圳北理莫斯科大学的立面优化设计，如同日常接到的设计任务一样，被自然地安排进工作计划表中，从此开启一段跌宕不凡的设计之旅。

在对项目进行第一次接触交流的时候，其实整个校园的设计成果，无论是整体规划还是建筑单体设计，早已历经多次深化及研究，且规划架构与功能布局也已非常成熟清晰。只是，中俄两国联办的高校究竟以一种什么姿态和风貌去呈现，却成为项目的瓶颈，因为多种尝试似乎都未能得到业主及校方的肯定。看似"北理"与"莫斯科"两条风格线交织并行，但从初次与业主及项目的沟通中或多或少捕捉到，似乎已有一条清晰的"莫斯科式建筑"脉络希望被延续。于是，答案仿佛呼之欲出；然而，"莫斯科式"的风格特色如此鲜明浓重，几乎算得上特殊时代留下的全民记忆，熟悉且自然。有这样的渊源，在脑海中迅速将这诉求画面搭建完成并非难事，似乎也觉得匹配上了"北理""莫斯科"的称谓。但作为当下的建筑师，面对可以想象得到的这般具体画面，是否觉得真的合适？当代的一座扎根南方的国际化校园，其风貌究竟要何去何从，建筑师似乎要经过一番深思熟虑。

建筑师的设计实践活动终究无法离开所处时代的土壤而凭空存在，而作为中俄合作关系特殊见证的这一系列异域建筑风格，并非第一次融入中国的土壤；已经记录了过往时代风貌和特定时

代印迹的重要建筑风格，其沉甸甸的符号和象征意义究竟是否适合这次校园设计？是贻笑大方还是皆大欢喜？我们明白在现如今的社会文化语境下，任何直接或间接的"引经据典"终究都会变成一场挑战。

因此，尽管通过沟通我们了解了业主对项目的真实诉求和直接渴望，却又苦于答案的内容走不出建筑师思维的桎梏。最后，与其无谓纠结，不如我们放下建筑师的身份，转换成为普通市民，尝试去还原公众自然而然所能想象到的这一所高校的形象。

那么，在深圳这块南方土地上，人们究竟想象或需要什么样的"深圳北理莫斯科大学"校园呢？这似乎是个过于庞大的问题，但建筑设计常常连带的地域化属性又带来经典发问：深圳的历史和地域化又是什么？

1

这座建立 40 年的年轻城市似乎总是在历史积淀厚度的讨论上无所适从，然而这绕不过去的"先天"条件为什么一定要成为一种标签束缚呢？年轻的深圳每一天都在创造自己的历史，过往的成绩已经证明了这一点，深圳不需要历史的包袱，而需要见证历史的包容。

城市有了这种底气和从容姿态，单纯关于风格的讨论就显得片面，因为一种风格无论源自哪里，都将以它崭新的形象被人们理解，并逐渐积累出这座城市的历史底蕴。正如美国城市学家刘易斯·芒福特所言，"城市，是历史文化的容器"，那么"莫斯科式基因"也就有了可融入的最佳环境。我们需要思考：普通市民对"深圳北理莫斯科大学"有着怎样的期待和想象？如何去找到一个媒介，可以在本国土地上清楚明白地传递出这一高规格国际合作办学机构的氛围？我们更像是寻找这个媒介的编辑。而"莫斯科式"建筑在褪去时代意义后，也已演化成为极具辨

1   前广场傍晚鸟瞰

识度的异域风格建筑，更是国人独特的时代记忆，在今时今日仍然是友谊长存的温暖印记。所以，选择"莫斯科式"风格并非生硬地复刻，而是需要这些厚重的文化符号延续和见证跨国教育文明的发展，这也是人们熟悉且能够最快产生共情的表现形式，经过重新演绎和经年累月的积淀，获得历久弥坚的象征意义，这恰恰非一般的现代建筑所能转载的。

正是深圳的开放包容性，为"莫斯科式"的生长提供了天然养分。我们相信，最终选择的"莫斯科式基因"表现手法，之所以会给校园及城市带来生命力与关注度，正是因为深圳这座城市的包容开放和莫斯科的厚重文化灵魂互相成就，才得以见证中俄文化的融合生长。一所北方性格的南方校园，衔接了国度与时空，转译了友谊与交流，直抒胸臆才是最好最自然的"语言"表达。

那么，脑海中的经典画面不再模糊，关于风格的抉择也在讨论交流中逐渐明朗，这样的思路最后也得到业主的认可与支持，我们便顺势继续探索如何实际落地，毕竟风格只是一个片段，其所承载的历史不可能也不应该被过于真实地还原。如何抽取这个风格的核心"基因编码"并融入本地自然环境与气候条件，做到表里兼顾，仍是建筑师所应承担的责任。

二

首先，对原生建筑形态的要素进行提炼，进而开展与场地空间有关的尺度、比例研究，力图做到神形传承得体，并且使其成为这座现代化城市中的和谐棱角。

1. 规划及空间布局研究

前广场作为校园的门脸，是给人留下第一印象、最能体现校园风貌的部分。在设计深化进程中，对校园前广场的形象，业主与使用方提出明确需求：打造舒展大气、地域特征明显的地标性风貌，突出主楼，兼顾整体性。这是设计优化的重点，从另一个角度讲，就是需要拔高层次，从历史、政治、文化意义方面提升校园形象。

首先对初始方案的布局进行分析，从宏观上进行复盘推敲：校园整体规划以一条中轴线展开，东西均衡布置建筑功能；在总图关系上前广场作为开端，延续了对称关系，以行政主楼为核心，由行政主楼与东侧会堂、西侧实验楼围合而成。但在立体空间关系上，存在以下几个问题。

1）主楼形象突出性
位于中轴线的行政主楼作为入口的门脸及核心建筑，体量过小，过于单薄，缺乏前广场仪式感，不符合传统俄式建筑的形制。

2）建筑体量关系协调性
主楼只有 4 层高，西侧实验楼 7 层，东侧会堂 2 层，形成不均衡的体量关系，弱化了主楼的核心形象与中轴对称的规划关系。

1　　塔楼高度模拟

　　高速路视角（上）　沿街视角（左下）

　　南侧湖景视角（右下）

2　　体量推敲

1

3）建筑之间联系性

建筑之间相对孤立，在立面风貌上缺乏统一元素或有机的联系，前广场整体立面的视觉效果在整体性与协调性上有所欠缺。

我们认为方案的调整思路在于对前广场空间尺度、建筑体量关系的优化，从宏观关系上突出核心与中轴关系，把行政主楼打造成为片区的地标，同时平衡建筑的体量与前广场的尺度关系，打造出舒适宜人的场所。因此，首先对体量关系做了大量方案对比，确定了最优的调整方向。

2

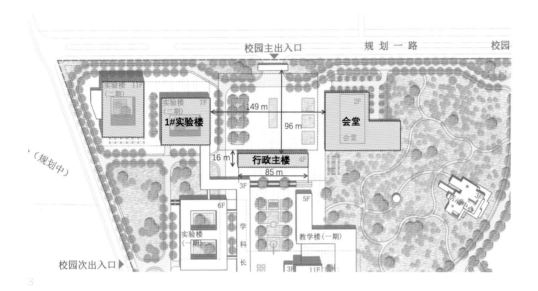

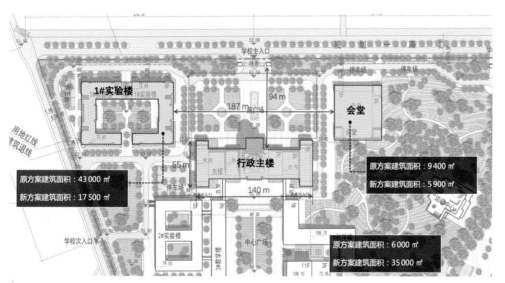

通过比较分析，我们认为在保证前广场 3 栋建筑总面积不变的情况下，尽可能增大行政主楼的
体量，从整体面宽到高度提升一个档次，能有效突出前广场的形象，也有利于建筑东西两侧均
衡化布局。同时为了配合体量变化关系，对建筑功能与面积进行重新组合与分配，把 1# 实验
楼的部分功能迁移至主楼，一方面能减少实验楼层数，削减其过大的体量，使其与东侧会堂体
量相呼应；另一方面增大主楼的体量，将行政主楼转变为行政、教学综合主楼。最终，确定主
楼面积由原方案 6 000 m² 增加至 35 000 m²，面宽由 85 m 扩展至 140 m，相应地，前广场
面宽也增加至 180 m 左右，最大化地拓展了前广场展示界面。

2. 尺度、比例研究

在校园的上层次规划中已明确的中轴序列和空间轮廓已基本成形，新阶段的规划更多的是尝试如何寻找更合适的前广场与建筑的尺度，以匹配已确定的校园风格，这需要从更细致、更多维的角度进行研究。

受限于用地，前广场的设计范围呈长方形，沿街面虽有近 360 m 长，但属于尽端路式的展示，对校园前广场的全貌展示其实较难实现，因此突出中轴行政主楼形象，尽量增加其建筑高度，是更好的展示策略；尽量充分利用沿街长度，用足前广场距离，在有限的空间内将建筑可展示范围做到最大，让人在进入校门的一瞬间便能感受到一个完整的校园形象。

由于前广场进深有限，需要在有限的场地内找寻合适的"视场角"与至高点，需要进一步研究空间尺度关系，以确定建筑的合适高度。根据芦原义信的街道宽高比研究理论，街道的宽度与建筑高度之间的关系，即高宽比数值，可以作为衡量空间感受是否适宜的重要指标。

首先对人的视野范围进行分析，垂直方向上为 130°，其中视野上限为 50°~55°，下限为 70°~80°，在这一范围内，人能基本看清、关注到视野内的物体。以此推算，前广场入口距离主楼约 90 m 进深，主楼比较合适的一个高度上限值在 145~170 m 之间，取一个中间值约 156 m 作为主楼的至高点控制值，中心的绝对高度能满足前广场的视野范围。

除了建筑的至高点尺度，对于使用者来说，近人尺度的空间感来得更直观。所谓近人尺度是一个相对尺度值，比如前广场空间是已经界定好的，人与建筑的距离与建筑高度之比 (D/H) 应该在一个合理范围内，人在此范围内对建筑有更敏锐的感知，同时空间的围合感也因此有所变化；建筑高度应有一个适当的最大值。

在范围明确的校园前广场，人最集中的活动应在轴线及偏中心的范围内，距离建筑 40~45 m；根据国外研究数据，D/H 数值多处于 0.5~1.5 之间，比较符合人体尺度感受，而接近数值 1 时空间围合感较强烈，因此建筑主体高度应控制在 45 m 以下。结合至高点的控制，主楼应该通过多段形体组合或退台处理手法，采用"裙房+塔楼"的形式，保证空间尺度的舒适性和连续性。

由此推导出现有的建筑形态，中间高两边低，塔楼塔尖达到 156 m，裙房控制在 45 m 以下，同时东西两侧均衡布置，会堂及实验楼控制在 20 m 左右，丰富了前广场建筑高度变化，形成了具有极高识别度的天际线剪影。

156 m 高的标志性塔楼在场地周边各个角度都具有极强的识别性，成为龙岗区的地标名片。

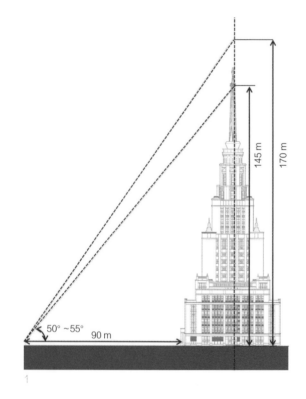

1

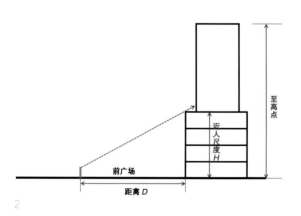

2

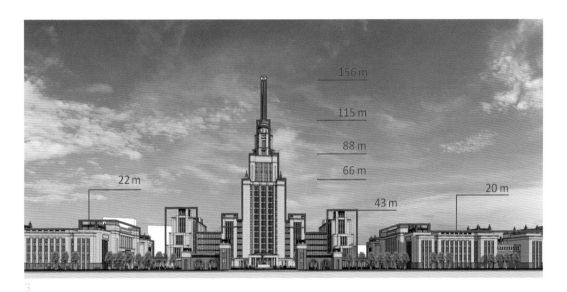

3

4

1   前广场尺度与建筑高度的空间关系

     在体量的高度调整中，设计团队突出主
     楼高耸的视觉形象，压低右侧实验楼高
     度，使两侧建筑体量相对均衡，强调对
     称性。

2   近人尺度的控制

3   天际线高度分析

4   沿街人视效果（实景）

3. 建筑特征研究

明确了布局与体量关系后，接下来是建筑层面上的设计。由于校园需要展示具有象征意义与地域感的风貌，同时兼顾本土建筑的特点，如何准确地、恰到好处地拿捏平衡点，让人从内心深处产生共鸣，建筑师需要对其核心要素进行提炼与表达，而非生搬硬套地移植。

俄罗斯传统建筑的风格特点、历史内涵是设计之初的研究重点。我们设计团队通过实地调研，到俄罗斯相关地区和中国的满洲里、哈尔滨等地进行项目考察，从宏观到微观研究其风格特征、文化符号与尺度感受。实地感受的反馈是最真实的，最有助于建筑师从虚拟到现实对设计进行修正，以更好地把控设计思路与实施方式。

归纳得出，俄罗斯典型建筑风格的基本要素主要有以下几点。

1）三段式造型与中轴对称

庄重严谨的三段式划分，中间高两边低，主楼高耸，四周回廊宽缓伸展，是最典型的俄式建筑特征。行政主楼提炼此形制，由主塔楼及两翼辅楼组成，形成"山"字形体量，稳重挺拔。主塔楼为视觉中心，体量高耸宏伟，两翼辅楼体量简洁明快，端部退台成塔，与主体遥相呼应，金三角视觉关系鼎足而立，强化了中轴对称的构图感，显示出蓬勃进取的姿态，再次突出莫斯科大学历史悠久且沉稳内敛的校园气质。

2）哥特式建筑特征

俄罗斯建筑继承了古典哥特式建筑风格的特点，体现为建筑的挺拔感、节节向上的态势，因此

1

2

建筑立面整体以竖向肌理为主，竖向构成清晰强烈；同时为了突出主塔楼的形象，形体自下而上逐级收分，最终汇聚成挺拔修长的尖塔造型，锥顶直冲云霄，彰显非凡的气势，也延续了莫斯科大学的地域情怀。

3）强烈的整体感、序列化

东西两侧会堂、1# 实验楼建筑群落，体量均衡，形式相似，作为主楼的横向延伸，延续了对称式的布局。整体立面构成仍强调竖向肌理，以柱廊的形式呈现，同时建筑转角处采用塔式造型，各种装饰元素均保持建筑立面风格的整体统一，强化了校园前广场风貌的协调性，序列化、整体化、艺术化地呈现丰富多姿的校园沿街立面，如画卷般逐层展现磅礴细腻的俄罗斯地域风情。

（文 / 张才勇、黎正）

3

4

刻意求工 · 匠心独运
——深北莫前广场建筑立面精细化设计

Осознанное стремление к идеалу, оригинальность и самобытность — детальное проектирование архитектурного облика фасадов зданий на площади перед университетом МГУ-ППИ в Шэньчжэне

在敲定了深圳北理莫斯科大学校园的整体建筑体量和风格之后，我们展开了立面的精细化设计过程。立面精细化设计主要体现在立面设计的精细度以及施工样板推敲两个方面。精细化设计深入推敲建筑比例尺度、线脚层次以及近人尺度的石材分隔方式，以求从不同的角度体现建筑精致、庄重、优雅的形象。而施工样板能帮助我们验证实际尺度、比例、颜色，同时发现施工中的问题，反过来指导我们修正设计。

历史上很多经典的建筑都是精致的，俄罗斯那些伟大的建筑也不例外。例如莫斯科大学主楼，

1   主楼前广场视角

2   主楼东南公园视角

1

2

无论是高大雄伟的气势还是厚重的历史沉淀，都是令人非常震撼的。除了巨大的体量给人留下深刻印象外，这座 1953 年落成的建筑，在今天看来依然非常精致。

为了更加精准地抓住俄罗斯建筑的精髓，并把握好古典建筑线脚的比例尺度，我们在深化设计之前，对莫斯科大学的校园建筑以及其他古典建筑进行了实地的考察。

我们从整体的体量关系以及细节的装饰语汇和尺度，对俄罗斯著名建筑进行了剖析，以强化本项目俄式古典建筑的特征，统一立面语言。

莫斯科大学主楼雄壮挺拔的形象给我们留下了深刻的印象，相较于深圳北理莫斯科大学校园的

3　莫斯科联邦政府（来自网络）
4　莫斯科克里姆林宫（来自网络）
5　莫斯科大学主楼（来自网络）
6　莫斯科大学校园航拍（来自网络）

3

4

5

6

主楼体量，莫斯科大学主楼的规模更大，高度更大，整体规模是深北莫的 2 倍，如何在体量、规模较小的情况下，同样表达出雄伟壮观、震撼人心的莫斯科建筑气质以及精致的建筑质感，是我们立面精细化设计的重点。

对莫斯科建筑体量的特色，我们进行了归纳和总结。
（1）庄重的三段式与严谨的中轴对称式布局。
（2）竖向构成清晰强烈，体现建筑的挺拔感、节节向上的态势。
（3）强烈的整体感、序列化。
前广场主楼、会堂、实验楼，均以严谨的三段式进行体量布局。
主楼中央哥特式塔楼高耸突出，两侧副楼对称布局，水平舒展。

而实验楼、会堂、校园入口及沿街立面均采用左、中、右三段式古典布局，与主塔形成建筑群体围合，同时竖向肌理的序列表达让整个前广场建筑显得恢宏大气、厚重沉稳。

莫斯科一些高度不大的建筑，往往会运用竖向线条序列来表达建筑的庄重气势。

因此，我们优化了主楼主塔的立面肌理，调整了层间墙体的颜色，将竖向构件突显出来，并由底到顶贯通，使得建筑主体更加挺拔。同时，会堂面向广场一侧亦采用竖向柱廊序列，表达出严谨庄重的俄式建筑风格。

2

3

除了整体体量优化之外，我们还重点优化了近人尺度的立面造型，从微观尺度着手，赋予可近看、可触摸的建筑细节一定的信息量，丰富近人尺度的感知维度。通过细节打造深圳北理莫斯科大学特有的历史感、文化感、艺术感、礼仪感、秩序感。

各栋建筑的入口门廊，作为近人尺度的焦点，是重点深化设计的部分。同时，从人的视角看，30°~40° 为人眼观察最集中的范围，以人距离建筑 10 m 计算，建筑的 1~2 层，即建筑的基座部分，可以视为近人尺度，作为人的视觉焦点，也应作为重点深化部分。

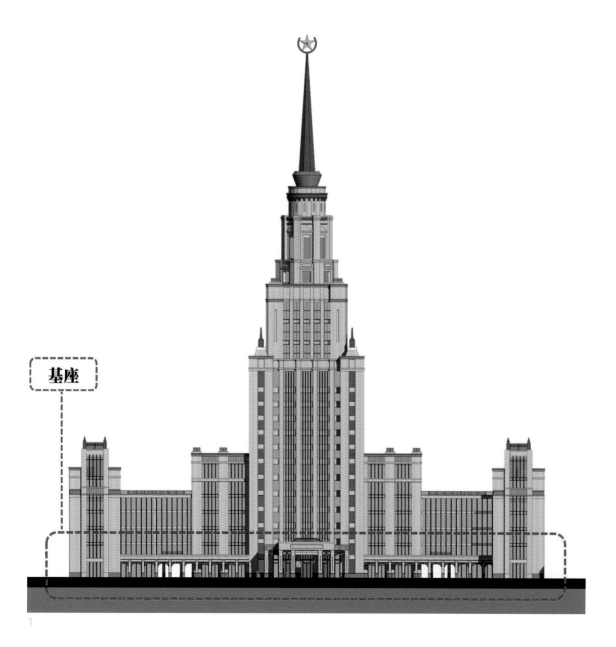

基座

1

立面细节深化包括以下方面。

（1）石材幕墙装饰细化，细分为：①线脚层次、尺度优化；②石材分缝尺度优化；③增设装饰构造。

（2）艺术装饰，细分为：①立面小型浮雕；②天棚藻井装饰。

（3）室外灯具氛围营造。

（4）铁艺装饰，细分为：①中式传统窗格样式；②柱廊装饰。

1　主楼基座分段

2　门楼人视点分析

3　实验楼线脚细节设计

4　实验楼基座细节比例

5　立面细节深化点

1　在澳门大学实地调研组图

2　主楼主入口门厅细化对比

3　主楼主入口实景

为了打造更为精致的入口空间，关于门廊的高度、宽度以及廊柱的尺寸，我们对照研究了澳门大学的校园建筑，通过实际的感受以及数据的调研，为项目精细化设计提供实际尺寸依据。

主塔入口门厅的细化设计，重点在于线脚层次和尺度的打磨，同时在原有体量的基础上，增加了一些具有俄式古典风格的装饰造型，并对装饰元素进行了提炼和简化，为入口门厅增添了俄式氛围，同时也尽量避免繁复的装饰。

对实际案例的线脚尺度进行研究之后，我们修正了入口门廊的比例尺度。在近人尺度上，入口门廊不会给人以压迫感，让人对高耸的主楼产生亲切感，同时在与主楼的整体比例上，门廊的尺度又不会显得突兀，

门头追加细节

凹槽造型

波纹装饰造型

柱础增加拼缝层次

2

3

恰如其分地与主楼形成有机的整体。

除了入口门廊，前广场各栋单体建筑在基座及顶部均进行了线脚与装饰
符号的精细化加工、层次的增加与强化，突出古典三段式造型。

1   主楼线脚实景

2   主楼门楼细节模型

3   主楼门廊线脚实景

4   主楼门廊剖面

5、6   主楼门廊节点图

1

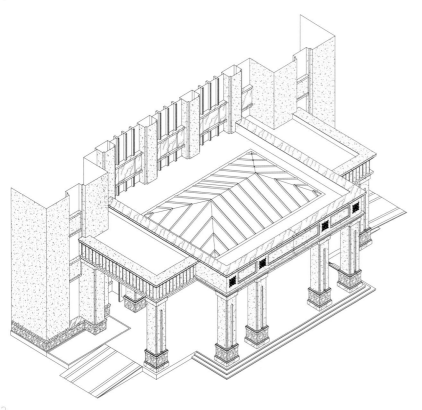

2

3

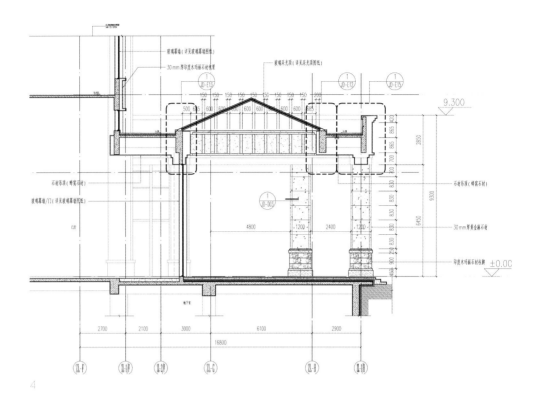

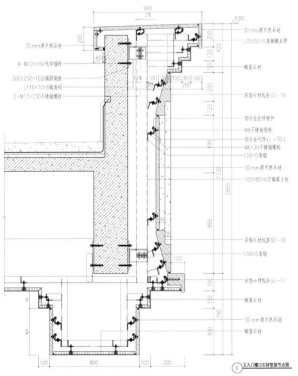

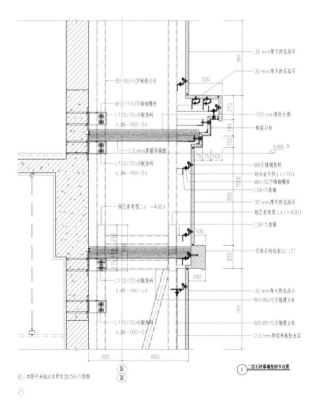

1

1   主楼重点深化部位

2   1# 实验楼立面深化前后对比

3   实验楼墙身节点

2

对实验楼近人尺度立面的深化，亦是通过石材贴面浮雕装饰、石材宽缝拼接的处理以及线脚的层次变化，营造精致典雅的建筑形象。

由于柱础、基座是近人尺度上可被人触碰与感知的部分，我们希望通过模仿历史建筑石材堆砌的做法，表达北京理工大学及莫斯科大学两所学校的历史厚重感，深咖色的基座让建筑更加庄

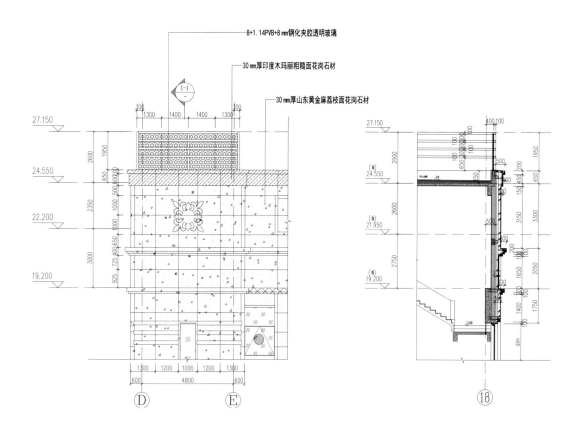

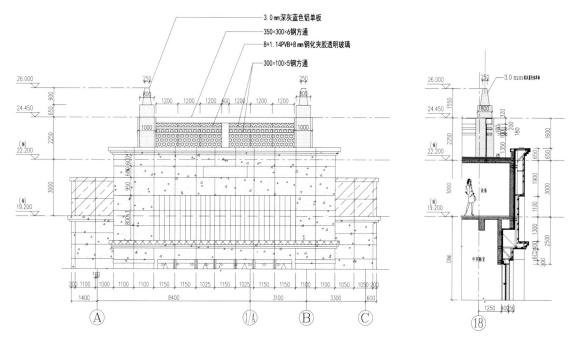

1

2

3

重沉稳。主楼整体体量庞大，因此基座柱础采用较为厚重的蘑菇石，让主楼更加稳重。
与主楼首层作为整体基座的情况不同，实验楼及会堂由于本身体量较小，高度只有 24 m，柱础
则承担了基座的分段，尺度上比主楼柱础更高，达 2.5 m，因此不适合用蘑菇石做拼贴肌理，

1　门廊柱础大样

2　主楼入口廊柱样板

3　石材拼接细节控制

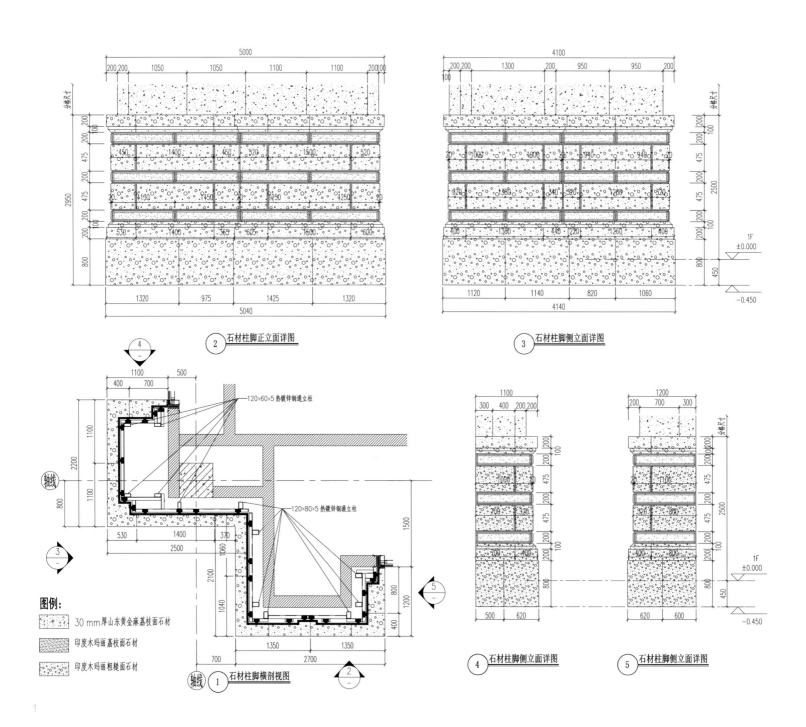

2 石材柱脚正立面详图

3 石材柱脚侧立面详图

图例：

　30 mm 厚山东黄金麻荔枝面石材

　印度木玛丽荔枝面石材

　印度木玛丽粗糙面石材

1 石材柱脚横剖视图

4 石材柱脚侧立面详图

5 石材柱脚侧立面详图

海棠角石材截面宽度
加大到15 mm

柱墩整体加
高到1.6 m

石材拼缝调整

柱础线脚尺寸统一

2

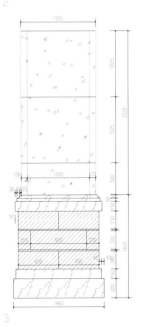

3

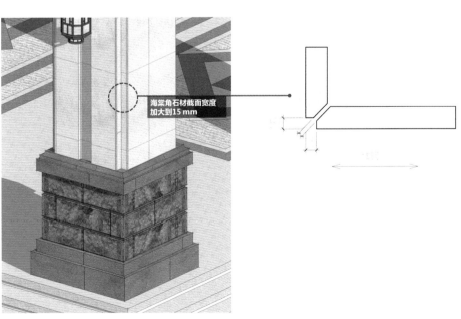

海棠角石材截面宽度
加大到15 mm

设计师通过不同尺寸的荔枝面与粗糙面石材拼接，形成柱础的三条腰线，达到精致庄重的效果。总体上讲，深北莫校园建筑设计的初衷就是用现代的工艺进行古典建筑的演绎，用分段形式、虚实关系以及线脚层次勾勒出莫斯科建筑的古典韵味，而颇具艺术性的花形浮雕装饰则点缀在

1　基座石材分缝设计

2　石材分缝细节实景

3　石材分缝节点大样

4　石材波纹装饰造型节点

5　主楼节点详图

6　门廊装饰细节

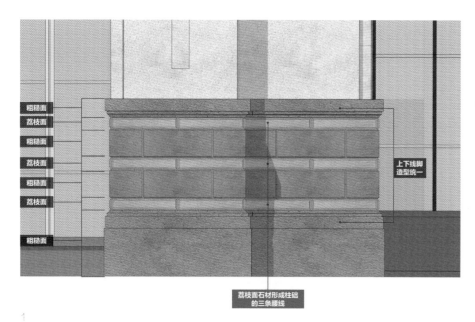

1

2

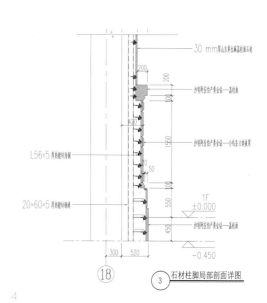

3

4

建筑重要的空间节点上，成为点睛之笔。装饰元素并非原版照搬莫斯科建筑的装饰语汇，为了与整体建筑协调统一，对装饰浮雕进行了简化，同时外廊吊顶参照莫斯科大学门廊吊顶，用藻井的设计手法处理，并且结合中式建筑的纹样进行雕刻。这是中西文化在建筑语汇上的一次融合。

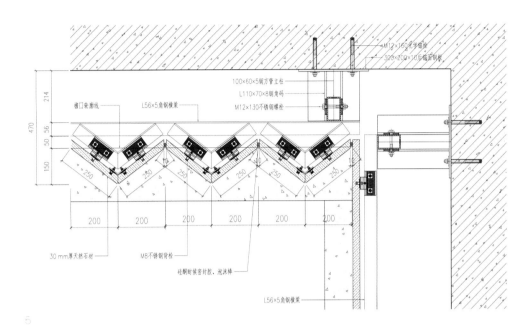

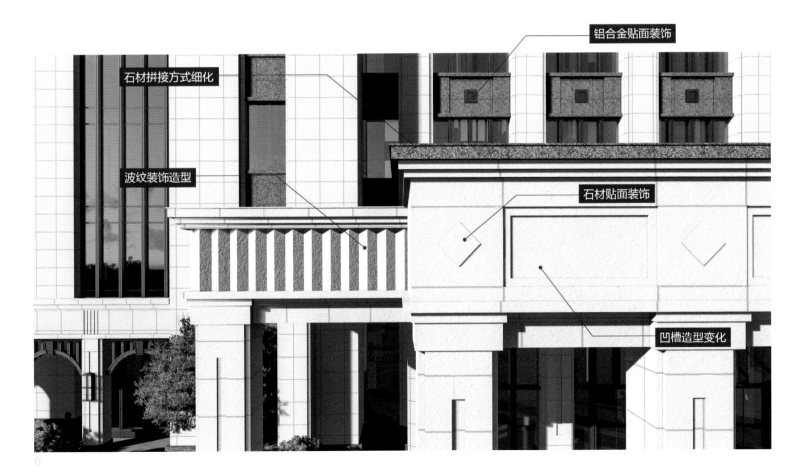

1

2

3

4

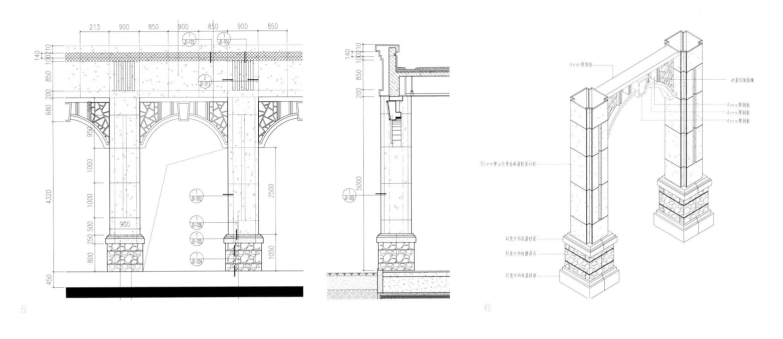

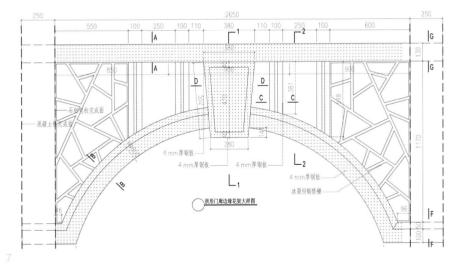

除了建筑本身的石材装饰外，门窗部分的铁艺装饰同样精雕细琢，但与立面石材装饰不同，铁艺窗格、入口门扇的装饰采用的是中式元素符号。

深北莫本身是一所中西文化结合的学校，因此我们想在建筑语汇上尝试一次中西建筑文化的碰撞。

在建筑整体为俄式风格的基础上，细部窗格的中式元素只要控制得当，并不会显得突兀，反而会起到点睛作用。而控制好这个"度"则特别考验设计师的功力。

5、6、7 铁艺装饰大样

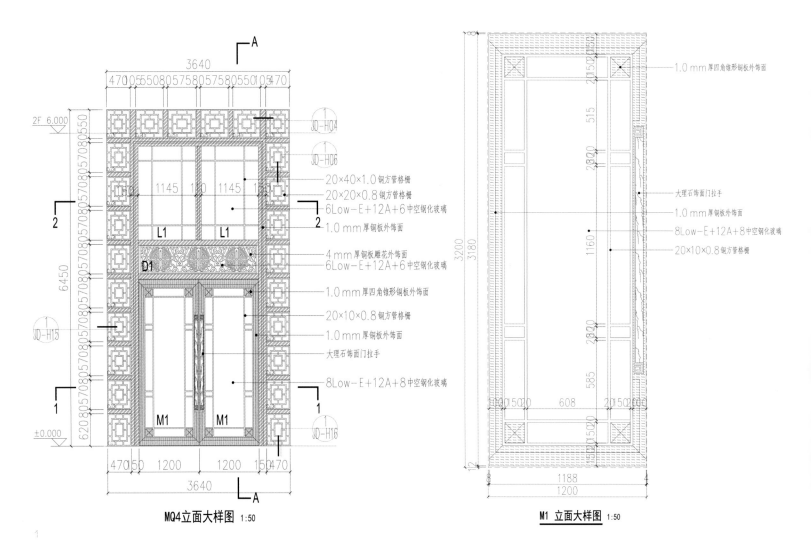

20×40×1.0铜方管格栅
20×20×0.8铜方管格栅
6Low-E+12A+6中空钢化玻璃
1.0 mm 厚铜板外饰面

4 mm 厚铜板雕花外饰面
6Low-E+12A+6中空钢化玻璃

1.0 mm 厚四角锥形铜板外饰面

20×10×0.8铜方管格栅

1.0 mm 厚铜板外饰面

大理石饰面门拉手

8Low-E+12A+8中空钢化玻璃

1.0 mm 厚四角锥形铜板外饰面

大理石饰面门拉手

1.0 mm 厚铜板外饰面

8Low-E+12A+8中空钢化玻璃

20×10×0.8铜方管格栅

MQ4立面大样图 1:50

M1 立面大样图 1:50

1   主楼门扇装饰大样

2   主楼入口门扇拉手装饰实景

3   主楼门廊吊顶实景

4   主楼门扇实景

绿色校园·润物无声——适应地域的绿色人文校园设计实践
Экологичность кампуса и тишина — практическое осуществление проекта экологического цивилизованного кампуса, соответствующего особенностям региона

设计理念

作为"一带一路"战略中中俄共同发展的重要标志之一，中俄联合办学机构选址于中国改革开放的先锋城市——深圳，从而诞生了深圳北理莫斯科大学。 深圳地处中国岭南，所处环境区别于中国首都北京与俄罗斯首府莫斯科，具有优越的生态环境。虽然与北京和莫斯科两座国都相比，深圳的历史如新生儿般刚刚开始，但其发展迅猛，在岭南文化与国际文化的冲击下，这座年轻的城市形成了鲜明的地域文化特征。 在科技与经济引领的城市建设中，如何寻求人居环境与大自然的共融与和谐，保持城乡建设与环境保护的平衡发展，同时延续城市文脉记忆，保留地域人文精神，已经成为一个世界性课题。深圳北理莫斯科大学作为中俄文化融合的载体，秉承着"绿色健康、以人为本"的设计理念，关注地理气候、自然人文与历史风俗这三方面的地域适应性。

具有气候适应性的建筑空间规划组织

建筑作为承载人类活动的场所，必然需要回应地理气候与自然环境对它的影响，只有这样才能为人类活动提供安全庇护。虽然科技发展为人为改变建筑环境提供了更多选择，但是我们希望在设计的过程中，减少技术的滥用，而以外部环境要素为前提，思考建筑空间本身如何去回应，以达到绿色设计的目的。
深圳北理莫斯科大学作为区域核心，具有辐射带动作用。对待核心区域，设计思路是：从绿色设计的观念出发，分析自然基底的脉络，比如绿脉和水系；在此基础之上，思考如何控制、延伸与衔接。

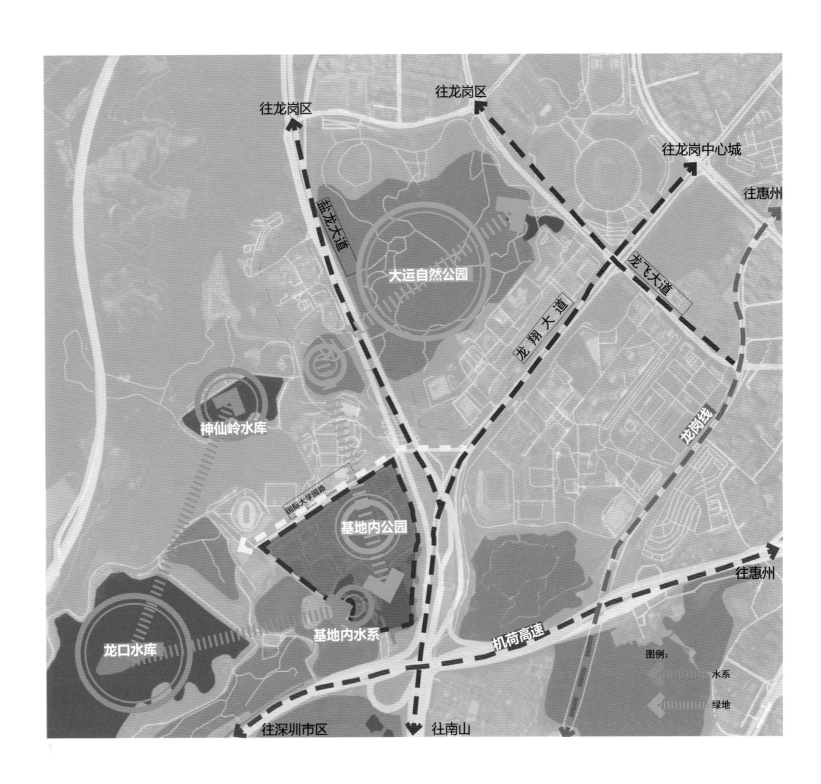

往龙岗区

往龙岗区

往龙岗中心城

往惠州

盐龙大道

大运自然公园

龙飞大道

龙翔大道

神仙岭水库

龙岗线

国际大学园路

基地内公园

往惠州

基地内水系

机荷高速

图例：

龙口水库

水系

绿地

往深圳市区   往南山

1

1   校园环境示意

基于岭南地区炎热、潮湿、日照时间长的气候条件与山多、河多、植被多的地理条件，对设计
中如何适应地域，如何优化自然资源的利用，我们有如下思考。

（1）植被：基地内分布着岭南地区常见的本土热带、亚热带植物，自身微环境已达到生态平衡。
在此基础上，将设计导入后，原有植被、次生和再生植被的取舍，需以绿网的织补为依据，延
续生态平衡。

1   校园建筑分布与交通分析图

2   原生水系

3   原生植被

4   原始地貌

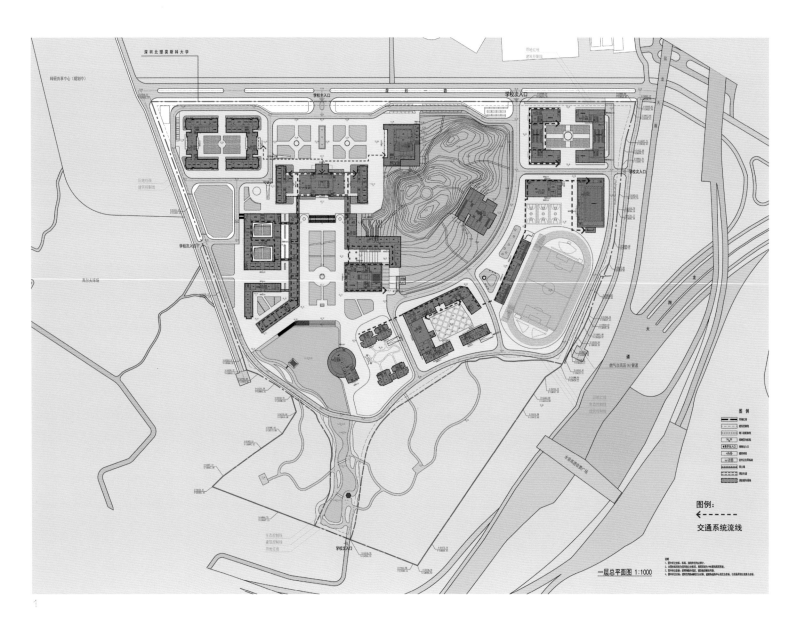

1

2

3

（2）地貌：原有的颇具岭南特色的丘陵地貌不应被人为破坏，地域地貌特色应得到尊重与保留。

（3）气候：建筑生成的逻辑应受宏观气候与微观气候的双重作用，对不同环境下的风环境，基于对风速和湿度等的分析，设计应有不同的应对方式。

（4）水系：基地西侧临近水库，水体延伸至基地中心，设计考虑利用原有的水系，解决水源和储水问题；同时，南方多雨天气下降雨量与排水的问题也应该纳入考虑。

4

（5）防雨遮阳的舒适性步行交通体系：引入过街楼、连廊、骑楼、天桥，组成风雨通廊体系。

1. 留白

在这样的生态环境下，宏观上设计采用软化连接的方式。软化连接的核心是把自然生态的斑块采取渗透的方式嵌入规划用地格局之中。 基地原始地势南高北低，北接城市道路。城市与大学城人流主要来自北向，因

1

2

此校园主入口位于基地北侧，沿基地南北向路径展开规划主轴，顺应人流行为轨迹，并契合地貌。

基地周围的城市环境因素由南往北依次为高速公路、半环山丘、开阔缓坡、独立山包、城市道路。为尊重场地原始地貌，体现地域景观特征，设计中自然保留了南丘陵。从东侧生活区体育场南麓绵延至西侧高尔夫果岭，再延伸到西北侧水库，整片区域连同其中的自然植被被整片保留下来，作为生态隔离带将校区主要活动空间与高速公路自然隔开，起到净化空气、降低噪声、优化视野的作用。而北面的独立山包也被整体保留下来，作为校园中心的山体公园，为师生提供富有地域特色的景观与休闲活动空间。

2. 衔接

中观上，校园建筑群是体现校园风貌的主体，它与自然景观的关系直接影响到空间布局的呈现效果。深圳北理莫斯科大学校园建筑群的布局，是由自然条件推导而成的。建筑与自然的水系和自然的斑块和谐共生，相辅相成，产生了极为贴切的衔接关系。

总体布局上用中轴线强化空间秩序，充分利用原始水系与山林，从前广场到中心广场，穿过由自然水系拓展而成的人工湖，再到依托自然山林浑然天成的后花园，整体构成了"三园一水"的序列，层层递进而后悠然甩尾，意犹未尽。

在这之中，学生活动中心这座低矮的建筑匍匐于山体公园的东南坡，建筑延展到树林间，树木伸展到院落里。这种建筑与山林被模糊掉边界的衔接关系，使建筑消隐于自然环境中，若隐若现。同时，建筑自然承担起山体公园入口的功能，中部蜿蜒的大台阶成为登山道的起始点。

同样，在被留存的防护林带中，植入了9处人工亭子，通过绿道串联，融入自然环境之中。绿道与亭子的植入意味着人行路径的可达与停留，赋予自然因素可被亲近、被使用的特质，弱化了人为环境与自然环境之间的边界。

自然水系延伸至基地之中，被扩展为一片人工湖。水体本身具备降温作用，空气经水体降温后向四周蔓延，渗透到周边建筑之中，达到改善微环境的目的。人工湖具有水资源调蓄作用，与其他技术手段一起，实现节水节能。同时，作为景观的人工湖，为师生提供了亲水空间。

从可持续发展的角度，自然地貌的留白也是出于对校园分期发展的动态性的重视。不能单一地把校园设计固化为一个可套用的公式，而应考虑建筑在时间维度的延展性。让建筑用地尽量集约，留下环境资源，为将

3

4

5

1	自然山体、水榭与人工湖
2	中心广场与人工湖
3	步行天桥
4	风雨连廊
5	湖滨餐厅

来的空间拓展预留适量余地与外部接口，这也是设计弹性与包容性的体现。

在人工湖的东岸，教工食堂坐落于宿舍楼旁边，兼顾生活用餐和会务接待的双重功能。餐厅从岸边往湖中心延伸，环廊踏步直接跌入水中；建筑倒影成像于湖面，建筑与自然的边界在这里彻底消失。

这些带有约束力的"越界"以尊重自然为前提，包含有对建筑与绿色环境二者图底关系的思辨。

设计的本意是把绿色思想贯穿在建筑总体设计之中，因此核心在于让建筑与环境产生某种关联。

这些关联点塑造了场所空间的多样性，也延续了地域的自然脉络。

1

3. 院与廊

在岭南地区的气候背景下，内向院落空间对于校园建筑的重要性需要被强调。作为人为创造的自然空间，院落基于气候适应性的分析，通过建筑布局改善风环境与热环境。

岭南民居的通风系统往往以天井为核心，通过热空气上升引发热压通风，结合厅堂与廊道，达到组织通风的效果。当往天井之中引入植物时，通风效果得到强化。

这为岭南地区的现代校园建筑提供了设计思路。深圳北理莫斯科大学校园中设置了大大小小的院落，形成不同层次的空间。院落与建筑空间内外通透，有效组织起了穿堂风，改善了微气候。建筑底层设置骑楼，外侧镂空的柱廊使气流更容易穿堂而过。院落之间组团聚合，互相渗透，通过局部楼层的风雨连廊很好地连接。骑楼、过街楼、柱廊等岭南元素的引入，除了起到文化符号与美化立面的作用外，也是对地域自然气候条件的回应。

除了提升环境舒适度的功能外，院落空间还具有观赏与提供休闲交往空间的功能。它作为人工塑造的自然斑块，与建筑有机结合，形成图底关系。而风雨连廊的设置在功能上能强化各空间的联系，起到空间过渡的作用，对炎热多雨气候下的岭南校园来说也是非常必要的。

建筑文脉的筛选与延续是根植于地域气候特征的，基于以与环境和谐共生为目的的建筑表达，

1   主楼过街楼

2   2# 教学楼院落

3   图书馆前柱廊

必然会给人以相同环境的熟悉感。因此，对历史文脉的地域适应，本质上就是对自然环境的地域适应。

低技术、高效益的建筑布局与细节处理

岭南传统建筑以空间的组织与布局建构了一套完整的绿色建筑体系，通过降低能源消耗，实现与自然的共生。从建筑技术的视角出发，深圳北理莫斯科大学校园设计也一直在探索以建筑师为主导的实用性很强的低技术建造手法，来达到绿色设计的目的。

1. 布局

通过建筑布局的细节调整，对校园室外活动空间的微气候环境进行干预性调节，这是利用建成环境改善感知气候的策略，利用建筑风廊导风并减弱飓风是其中的一种。

在整体布局上，开放空间的主轴被适当偏移，从而利用建筑物遮挡吹向重要房间和使用频率较高的房间的飓风。

在夏季盛行风向上，通过调整建筑物与开放空间的位置关系，保留建筑空隙，适当开辟导风通廊，引导季风穿行，能使建筑内房间的通风需求得到满足。利用这一原理，深圳北理莫斯科大学主楼首层设计了东西两处过街楼，形成南北向的主要导风廊；主楼连接 1# 教学楼与 3# 教学楼的风雨通廊，则形成东西向风廊；教学实验区南北向竹林内街，与 3# 教学楼尽端的过街楼，形成交织导风廊。

建筑围合的院落空间，能适当产生小涡流，避免产生避风死角。1# 教学楼通过自身围合式的形体，独立形成良好的通风循环体系。而生活区设计为三面围合的合院和首层架空院落体系，同样有助于改善通风环境。

2. 幕墙

依据岭南地区湿热多雨的气候特点，本项目各栋建筑中玻璃幕墙的利用比例被适当增大。玻璃幕墙具有轻质、透光、光洁与通风的特点。优化玻璃幕墙的设计，能实现被动式节能的效果。

深圳北理莫斯科大学的校园设计，在东西向立面，仍保留较厚重的立面效果，为减少能耗而较少开窗。而在南向，通过低辐射 (Low-E) 中空

1

2

玻璃幕墙来解决采光通风的基本功能需求。相较于普通玻璃，Low-E
中空玻璃具有更好的阻隔热辐射的作用。

3. 采光中庭

设计中引入了用玻璃天窗自然采光的中庭空间，从而以最简单、低技
术的手段，解决了高校建筑往往面临的双面布房时走廊空间采光不足
的问题。

在图书信息中心建筑设计中，采光井天窗采用复合玻璃，创造了仿自然
的室内空间，在使用区、阅读区、休息区等大体量的室内透空空间中，
形成了气流的微循环，既提供了符合功能需求的采光条件，改善了通风
环境与热环境，又创造了丰富有趣的空间与光影效果。

3

4

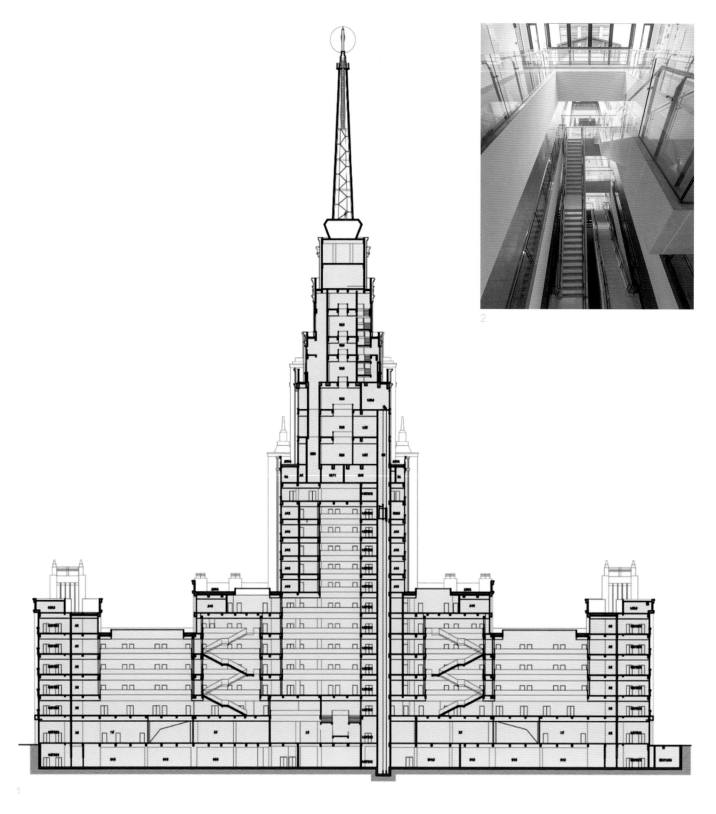

2

1

3

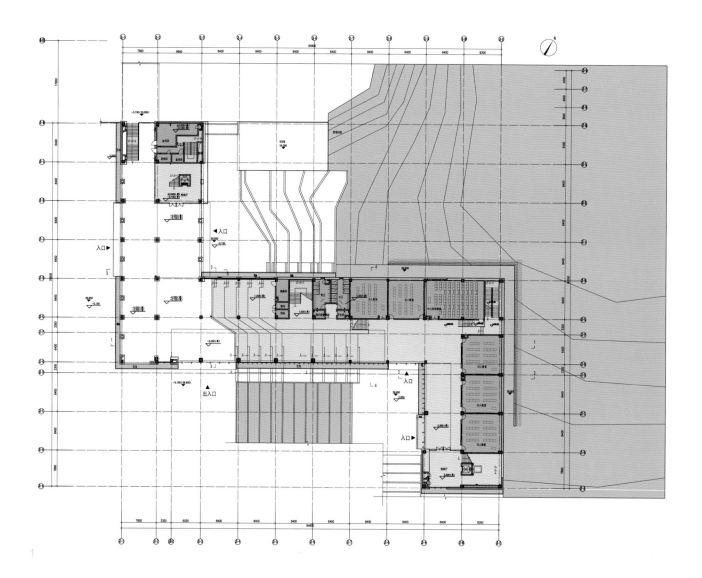

1# 教学楼中间部分最初为增加空间的丰富性，设计了一个与室外庭院空间互动的中庭空间。然而在进行节能计算时发现，此处设计将导致空调设备需求与空调能耗的激增，甚至因为需要预留设备放置空间而影响立面效果。为了进一步达成绿色设计的目标，设计师采取了如下解决方式：取消中庭空间的围护结构，将室内空间转变为半室外的灰空间。大空间的中庭区域以自然通风取代了空调，空调仅供应教室、办公室等教学研究用房，此举大幅度降低了空调能耗，而且模糊掉室内外的边界之后，室外与室内的休闲台阶连成一体，将阳光引入的同时也把鸟语花香带入中庭空间。

绿色建筑的核心在于"建筑"本身。绿色设计不应该仅仅是将"绿色"通过其他手段附加于建筑之上，建筑师应当采用更多从建筑出发的设计手段与方法，来实现建筑与自然环境的融合共生。

基于中俄教学行为需求的空间策略

深圳北理莫斯科大学集合了中俄两国的师资力量，采用莫斯科大学沉浸式教学法，营造以俄语为主的教学环境。区别于国内高校，中俄特色教学模式呈现如下特点。

（1）沟通量大：强调以学生为中心，培养学生运用俄语的能力；强调师生之间的互动与共同探索，课堂中与生活中保持多向交流。

（2）课堂延伸至课外：沉浸式教学将课堂从教室内延伸至生活中，教师不仅在课上教学，也组织或参与课余活动。

（3）表达与表演：鼓励学生充分挖掘潜能，最大限度施展自己的才华；同时沉浸式教学增加了竞赛、演讲、表演等课外活动量。

（4）文化差异：不同国籍的师生在同一空间内学习与生活，必然存在文化上的差异。

健全的校园环境以满足教学与生活需求为出发点，支持并引导安全健康的各种目的性活动与自发性活动。深圳北理莫斯科大学校园期望通过适应中俄教学行为需求的校园环境设计，提升师生的整体公共健康水平，鼓励积极的体育活动与交往行为；通过场景性的空间设计，增加校园活力。

1. 密度

深圳北理莫斯科大学在规划布局上控制校园规模，教学区与生活区分别采用组团式设计，布局紧凑，用地集约。教学区以主楼为核心，会堂、图书馆、3 座教学楼与 2 座实验楼以视觉与空间体验都适宜的尺度，沿中心轴对称且密集地排布，形成以功能为基础的空间圈层，将几个广

2

1   1# 教学楼平面图

2   1# 教学楼中庭

场紧密地联系起来。生活区则利用人工湖、防护林、水库等自然景观的张力，通过建筑与景观之间的互相渗透形成有层次的公共空间。

在提升户外空间舒适感的基础上，适当提高的建筑密度、清晰的空间关系与较近的建筑间距，能塑造一种空间引力，强化场所的归属感，让人有停留与活动的欲望，从而促进校园内各种行为活动的产生。

另一方面，紧凑的布局缩短了功能空间点与点之间的距离，使目的地相对集中，从某种程度上也能激发师生活动的积极性。

通过增加公共开放空间的多样性，充分利用环境资源，打造宏大的广场、围合的庭院、开阔的人工湖、绿色的山林等具有不同情感氛围的活动空间，使目的性空间在有限的土地上尽可能叠加，产生更多的行为可能。通过景观的细化分区、人行步道的引导、节点空间的放大，增加了空间的参与性。

建筑底层空间的处理也有助于空间连接性的提升。后退的骑楼形成有阴影的灰空间，活化了广场的底层界面。过街楼与风雨通廊作为过渡空间在连接建筑空间的同时，具有引导性与指

1

2

向性，强调了交流互动的设计意图。底层架空是活动空间的直接渗透，增加了人看人的场景和互动机会。

2. 复合

为满足多样化的行为需求，教学建筑不应该采用以简单走廊串联两边房间的传统模式，而应该在了解师生之间如何互动、如何学习，以及师生与空间之间如何互动的基础上，强调空间的体验感与互动性、参与感与创造性。这样的空间是多元复合、可灵活应变的，每一寸都是潜在的教学环境。

由此带来的趋势是功能与空间向着混合模式、共享模式发展。校园中大空间建筑是实现功能混合、资源共享的可行性环境载体，更容易容纳海量功能并实现可变功能，其对学生的健康行为活动起到举足轻重的引导作用。

深圳北理莫斯科大学校园中，主楼与图书馆以其核心的位置、庞大的体量以及巍峨的气势，成为校园活力的中心。功能上，主楼承担了教学、研究、办公、会议、展览等功能；而图书馆则承担了阅览、自习、一般学术报告及高端学术交流等功能。空间上，合理组织各功能流线，设置共享空间与辅助功能空间，既能节约资源，缩短出行距离，又能引导目的性行为与无意识行为碰撞，从而引发更多样、有趣的行为的可能性，空间自身即是可探索、可参与的。

除了尽可能多地将相关功能融入大体量空间中，形成复合共享的功能性空间以外，在室内空间中预留室外活动的可能性，也是提升空间弹性的策略之一。体育馆建筑 1 层为游泳馆，2 层为

1　2020 年研究生毕业典礼在图书馆交流
　　大厅举行

2　图书馆中庭的变化空间

1

2

3

多功能球馆，可用于组织篮球、羽毛球、乒乓球的日常教学和比赛，也可以转换为体操等项目的训练与比赛场地；除此之外，还可以承办大型聚会、新生接待、就业面试等活动，目前这里已经承办了两届自主招生考试。功能预置不仅仅是预留空间，还需要对相应功能的工程需求进行预判，并前瞻性地考虑配套的机电设备。

3. 场景

为配合沉浸式教学模式，尊重中俄双方的文化差异，校园场所空间的塑造以文化体验感与多样性为目标，让置身其中的人体验到场所与原型、传统和文化的关联性。

主楼位于中轴线上最重要的位置，是教学区的重要控制点，被期望既能作为中俄友谊的象征，又可以作为教学区的公共空间和平台，起到校园"公共沙龙"的作用。

在处理建筑本身时，依据功能排布和空间组合确定建筑体量，而后对两国的文化背景进行抽象与概括，塑造建筑的基本比例分段，进而形成高低起伏的节奏。建筑的实际功能与历史文脉遗留下来的经典比例在这里自然契合。这种经典的立面组合其实是一种常用手段，然而放置在深圳这座年轻的南方城市的背景下，反而产生了一些奇幻的色彩。

立面细节，如角塔的装饰、线角的花式和装饰画，都充分表达了俄罗斯的异域风情。而转至室

1　　空间渗透

2　　风雨通廊体系

3　　体育馆的多种用途

1

内空间时，主楼的门廊、铜门、团花门头与祥云花饰，又引发了人们关于中国传统文化的联想。
通过中俄传统文脉元素的辐射作用，与周边空间产生衔接，从而与原型发生关联。
这种熟悉而陌生的认知感，与半个多世纪以来中俄文化交流的断裂有关，然而却正是设计师所
追求的多样性感受。当人们走进这样的场所并追溯原型的时候，能够体验和感受到文化的冲击力。
被赋予了文化内涵的主楼，作为校园核心，颇具辐射意义。

4. 安全

为保障行为活动的安全性，深圳北理莫斯科大学校园采取人车分流的控制方式，进入校园中的机动车按照既定的车道避开人群聚集场所，慢速并短距离穿越或外环绕行，避免给校园慢性系统带来安全性威胁。因此，校园中大部分公共活动空间都不用顾虑交通安全问题。

确保交通稳静化的措施很多，包括在适当位置设置减速设施，设立人行道延伸区，对车道进行多弯道设计以实现车辆被动减速，竖立醒目的机动车让行、限速标识等。

另一方面，为提高人行活动的安全性，校园中楼梯和坡道的设计也被认真考量。楼梯和坡道是处理地势高差或建筑入口室内外高差的必要设施，若设计不当，室外楼梯和坡道在热带雨季容易出现积水问题，继而引发行人打滑、摔倒，严重时甚至危害生命安全。本项目在满足设计规范的基础上，将校园内楼栋室外的楼梯与坡道都设计得短而平缓。当楼梯超过 18 级或是坡道长度大于 14 m 时，设计缓冲平台，避免跌倒后滚落楼梯或坡道而造成二次伤害。

要激发师生目的性与自主性活动的产生，促进交流与互动、探索与学习，可以从气候干预、环境吸引、安全提升三个层次来考虑。而这些策略的共同目的，都是提高活动舒适性、安全性和审美共性。深圳北理莫斯科大学通过绿色技术手段提升了环境舒适度，在布局上提升密度以增加空间黏性，以功能的复合满足不同行为活动的需求，引入文化符号将场所与原型关联，并通过设计手段保障活动空间的安全性。最终，实现了健康活力校园的设计目标。

1 校园主体建筑北立面
2 具有冰裂纹细节的建筑装饰
3 中央广场东侧消防栓
4 田园灯

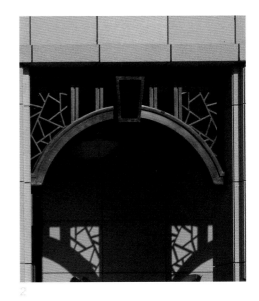
2

3

4

1　　　　　　　　　　　2

1、2　　图书馆密集书库

5. 绿色机电

校园能源消耗具有如下特点。

（1）消耗的能源种类繁多：包括电能、燃气、煤炭、燃油、市政热力、可再生能源等。这些能源的应用范围也比较广泛，比如用于照明、供暖、空调、教学设备、机械、炊事、生活热水等多个方面。

（2）人均能耗水平较高：从近几年的统计数据看，我国高校人均能耗水平高于我国人均生活用能水平。校园是教育、科研以及为社会服务的重要基地，能源消耗总量大，而且由于节能意识的薄弱，伴随着一些资源浪费现象。

（3）不同功能建筑个体差异性大：不同类型的建筑有各自的能耗特点，且耗能比重不同。

深圳北理莫斯科大学在校园节能规划中，结合地域气候因素与校园建筑使用的特点，合理确定校园用能的需求量；周全考虑校园短期、长期规划，根据未来发展方向和趋势科学预测其能源负荷；结合当地供能状况，优化校园能源系统的结构，改善校园既有用能技术和设备，以提高常规能源利用准备效率。同时，因地制宜利用自然能源，并注重各种新能源与再生能源的开发与利用。

为此，深圳北理莫斯科大学校园建设应用了大规模的绿色节能技术。

（1）中水回用。中水回用系统由中水原水系统、处理系统以及供水系统三部分组成，在校园建设中正在逐步推广和普及。中水水源主要由冷却水、浴室排水、洗排水、厨房排水、盥洗排水等组成。其中冷却水、浴室排水、洗排水和盥洗排水等处理成本低的杂排水，是中水回用系统的良好水源。例如浴室排水通过膜生物技术处理达标后，可用于校园景观水体的补充、绿化浇灌以及道路冲洗等。

（2）分质供水。分质供水是指采用高质高用、低质低用的供水方案，按照直饮水、生活用水、景观绿化用水、杂用水的分类，根据不同的需求供应不同质量的水。高质水用作学生和教职工的饮用水和生活用水，中水和雨水等低质水则用作景观绿化用水和杂用水等。分质供水可依据用水途径的不同选择合适的处理方式，有利于循环使用水资源，提高用水效率和降低处理能耗；同时对校园各途径的用水量有更直观的掌握，便于有效控制和调整。

（3）新能源、新技术的使用。例如：在部分学生浴室和宿舍楼上安装了太阳能热水洗浴设备；采用太阳能路灯；综合教学楼采用了蓄冰空调、座椅送风、余热回收、地板送风、自然通风等节能技术。
以大礼堂的改造为例。礼堂的侧窗是自然形成的通风系统；在升起的观众席下，构筑静压箱和空调机房，增加空调系统，通过座椅送风的方式，减小新风到使用者的距离和送风量；在放映厅和两侧走廊，采用地源新风送风系统，利用空气和地表的温差进行热交换，有效降低空调设备的负荷和能耗。

（4）替换高耗能设施，清理管网表具。例如：部分食堂将传统的灶具燃烧器更换为节能环保灶具燃烧器，投入两条自动糙米饭生产流水线。

（5）使用绿色照明产品、技术以及节能电器。选用光效高、寿命长、性能稳定且安全的优质照明产品，利用科学方法进行照明设计，从而创造经济适用、节约能源的照明光环境，以减少发电造成的环境污染。

（6）采用智能照明控制系统。在满足室内照度的前提下，控制灯具的最佳照明功率，通过优化照明设施的使用，给予设施最佳的工作状态；根据光线强度、室内人数等实际情况的智能感应，控制相应数量的灯具开关，在无人的情况下，如在使用率低的会议室、夜间教室或办公室，自动关闭电源；实现校园内路灯时段和照度控制。以上，校园节能效果可达 20%~40%，而且灯具寿命可延长 3~4 倍，从而降低维护成本。

（7）应用节能空调系统。夏季、冬季是校园用电高峰时期，主要原因是高温、严寒之下师生对空调等制冷、制热设备的使用率增加。校园内应采用经济性较高的节能空调系统。

总结

深圳北理莫斯科大学校园设计所传达的，是对适应地域的绿色人文设计的倡导，更多关注自然生态格局、实际应用技术与师生行为需求。设计应该是因需而生、顺势发展、循序渐进的，也应该是随域创造、随人创造的。这应该成为一个整体的设计思想，贯穿设计实践始末。

（文／宋云岚、许诺）

精钢铁骨 · "深北莫之星"——主楼塔冠设计与施工
Стальной каркас, «звезда университета МГУ-ППИ в Шэньчжэне» — проектирование и проведение строительных работ венца главного здания

深圳龙岗大学城坐落于群山之中，大学城中每座校园都掩映在青山碧水之间，各自绽放着自己的魅力。当人们路过附近时，会被一颗高高耸立在云间的金色五角星所吸引。那是深圳北理莫斯科大学主楼的塔冠，又被称为"深北莫之星"。

建筑设计

出于对深圳北理莫斯科大学特殊的建校背景与文化意义的考虑，校园的建筑风格中引入大量的俄罗斯建筑元素，与南方的地理环境相互融合，产生"新俄式风格"。文化融汇所带来的建筑语言的多样性，也在此得到了充分体现。

主楼位于校园中轴线上的起始位置，是人们进入校园前广场后视线最聚焦的点；功能与空间布局形态决定了主楼塔楼是深圳北理莫斯科大学建筑群中最高的建筑。主楼采取庄重的三段式结构与严谨的中轴对称式布局，中央高而两翼低，最高点设计高度为 156 m，在低密度的大学城中，已然是视线焦点所在。因此，塔顶标志形态的设计就决定了整个校园场所叙事的基调。我们意图以此塑造一个区域地标，承载起校园厚重的文化背景与深沉的精神内涵，讲述中俄文化磅礴而旖旎的故事。

设计的思考始于北方宏伟厚重的典雅气质与南方通透轻巧的现代风格的融合，在此基础上实现强烈的异域风格与本土地域化特点的共生，打造具有高辨识度的深圳北理莫斯科大学校园风貌。结合平面实际功能需求与澳门、满洲里、哈尔滨、莫斯科等多地现场调研，对多种方案进行轮番对比，并多次与深圳工务署项目组推敲讨论，最终在中标方案的基础上进行了更为周到全面的深化设计，确定为最终呈现的这一版方案。

细长的金色尖柱与柱顶矗立的五角星建筑造型组合，源于俄罗斯经典建筑形象。随着时代的发展，这一形象已经渐渐从有关信仰的含义中抽离出来，萃取了与自由和觉醒相关的当代俄罗斯民族

1   深圳北理莫斯科大学前广场建筑群
2   主楼顶部设计方案对比图
    相较于原方案，调整方案将五角星改为红色，稍显年代感，容易产生政治联想，且与建筑偏现代的整体风格不吻合。由于该构造体量较大，五角星中心的小星星简化后稍显单薄，缺乏层次感和细节设计，故设计院建议维持原方案
3   塔身结构及塔体高度示意

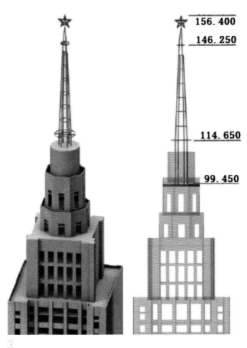

精神，将古典主义、浪漫主义与现代主义相融合，展现了俄罗斯民族内敛而自信的气质。这样一个符号，足以干净利落地塑造出这座特殊校园的场所认知感。

在实际再现过程中，考虑到传统文化符号在现代语境中的表达，设计中对其进行了提炼与简化，同时对尺度、色彩、材料、细节等进行了仔细推敲，使主塔塔尖造型更好地融入整体建筑群与周边地域环境，又足够抽象到脱离政治象征联想与年代感。

经过反复的推敲打磨，考虑到整体视觉效果与空间感受，最终将"深北莫之星"的尖顶高度定为 156 m。这个高度既能彰显她在建筑群中屹立高耸的风姿，又能保证在前广场入口大门处，人们能一睹她的全貌。整个组合由塔身、塔内楼梯与塔顶的五角星三部分构成。设计中，

1　主楼楼顶高塔施工方案
　　塔尖整体以深灰色为基调，增加了金色装
　　饰条，通过强烈的色彩对比突出塔尖肌理
　　及竖向挺拔感，同时提升立面的细节设计
2　主楼楼顶高塔现场施工照片
　　实际效果基本符合设计预想，塔尖色彩搭
　　配与建筑主体比较契合

1

2

3

"深北莫之星"顶部到主楼混凝土屋面的距离足足有 50 m，而五角星构件的外形尺寸为
4 m×6 m，中部厚度就有 1 m，无论是自身的结构设计还是施工过程，都面临着闷热潮湿、
多风多雨的南方气候所带来的重重挑战。

设计推敲的过程并没有随着施工的开始而终止。在建设期间，校方提出主楼塔尖颜色较深，
希望设计方能提供优化方案。主塔塔尖原始设计方案以灰色为主基调，顶部配金色五角星装
饰。塔尖整体与建筑主体米白色石材形成色彩对比，强化了建筑的形态；同时，由于深圳特
殊的地理区位，日照充足，大部分时间阳光反射较强，设计考虑采用深色材料的塔尖与天空
形成对比，突出光影效果及装饰细部。这一方案以莫斯科大学本部建筑立面效果为参考依据，
后者塔尖与建筑主体的色彩也是以深浅对比的方式突出塔尖造型的。

时值 2017 年底，塔尖施工已基本完成，初见雏形。从现场效果来看，由于塔尖需要内设检
修楼梯，外包灰色铝板后稍显厚重，同时，在阳光的照射下，受光面与背光面反差较大，暗
面颜色较深，弱化了立面装饰细节。

为提升塔尖色彩，削弱体量感，提升挺拔感与塔尖细节丰富度，设计提出外包金属装饰条与
将塔尖整体改为金色两种方案。金属装饰线条有助于增加细节表现层次，而若将塔尖整体改
为金色，在深圳日照时间较长的情况下，塔身反光强烈，反而不利于凸显五角星造型。由于

3   主楼楼顶高塔施工过程实景拍摄

1

项目工期紧，塔尖下部的塔身外围铝板已全部安装完毕，为确保项目如期建成并交付使用，同时兼顾工期、投资、立面呈现效果、整体协调性等因素，最终确定按照加装金属装饰线条的方案调整优化。

然而 2018 年 3 月，已建成的主楼塔尖又面临了一次塔尖颜色的变更。为使颜色更加协调，最终决定将主楼塔尖颜色调整为亮金色。为了保证建设质量，落实使用方文化特性的实际需求，实施方案定为拆除已建成的铝板，并更换为金色面漆铝板。

文化地标的设计过程曲折反复，从立项到建成使用，随时需要接受各方的审查与考验。这也是设计师想要通过建筑造型传达文化精神意象所必须经历的。文化传达的受体是公众，因而评审者也是公众。

1　　塔身造型的细部推敲

2　　整体结构的前六阶振型展示

结构设计

支撑五角星的塔尖是典型的长细比较大的造型，高度大，刚度小，放置于 100 m 以上的高度时，更容易受到风振的影响，一个计算的失误都可能导致长期风作用下结构构件的破坏，甚至整个结构失稳。因此，需要精确分析"深北莫之星"及其支撑塔体结构的受力性能。

用 YJK 和 ETABS 软件对结构进行了一系列独立及整体计算，对结构体型及构件尺寸进行了多轮优化，在满足建筑设计要求的前提下，最终敲定塔尖与五角星钢结构方案，确定了塔体结构形式、轮廓尺寸，钢管柱的根数、排布、大小、倾斜角度等。这其中的每一个细节，都决定着建筑形态的最终效果。

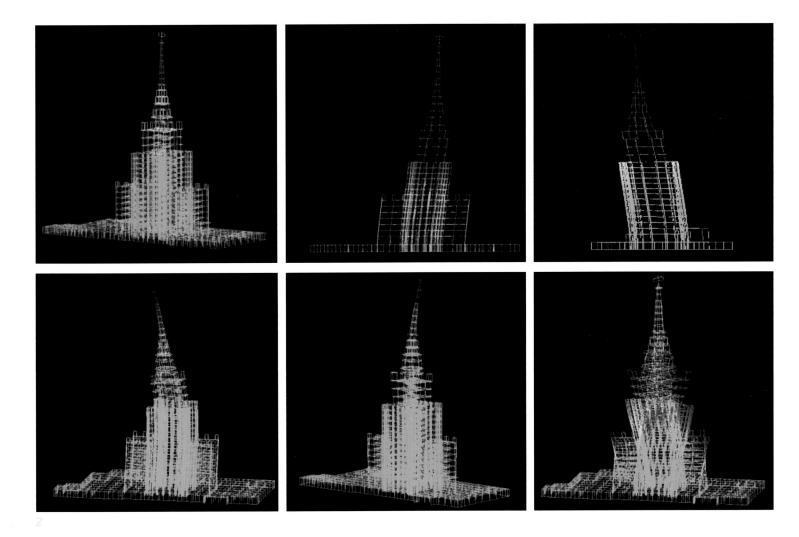

2

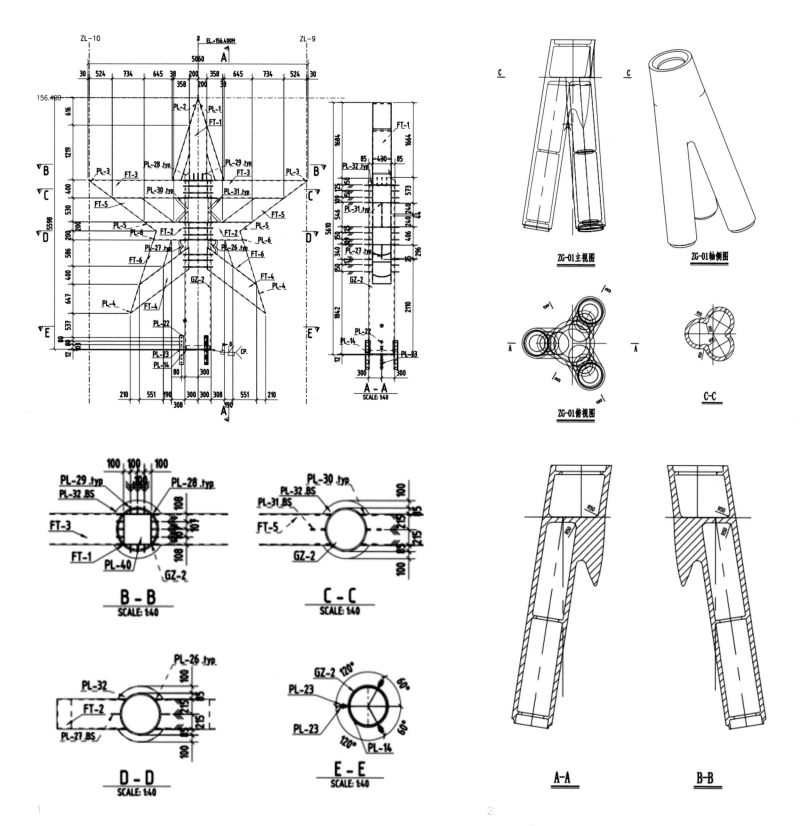

3

4

其中，五角星内部以型钢搭建钢骨，外部以钢板包覆，摒弃了一切装饰性的材料，回归到工业化的匠心本身，更符合设计的初衷。

塔尖部分采用周边 6 根钢管的密柱筒体结构，在高度 4 m 左右设置环梁。筒体的下部直径为 4 m，向上逐渐内收，变为 3 根钢管柱，至顶部采用铸钢件与上部五角星相接。而钢柱在下部插入主楼混凝土结构内两层，像深深扎根土壤一般，保证与主体的可靠连接。塔身结构外侧再包覆金色铝板，形成了雄浑挺拔的建筑形象。

在塔身内部的空腔设置了钢楼梯和钢爬梯，维护人员可到达五角星星体的下部，开启门扇后可直接出至塔顶外侧的钢平台。同时，塔内空腔中也敷设了通到塔顶的管线，为五角星增加照明等功能，让它名副其实地成为校园夜空中一颗恒久的"启明星"。

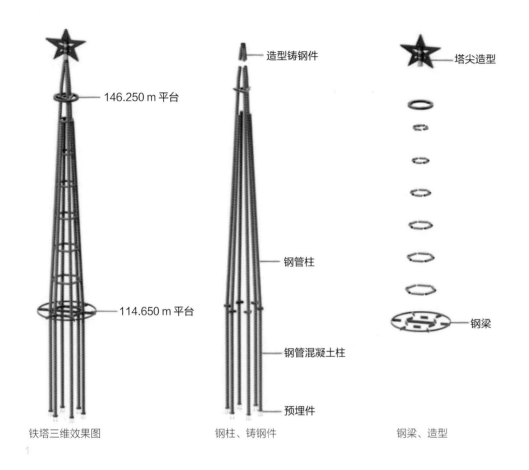

146.250 m 平台

114.650 m 平台

造型铸钢件

钢管柱

钢管混凝土柱

预埋件

塔尖造型

钢梁

铁塔三维效果图   钢柱、铸钢件   钢梁、造型

1

2

3

由于深圳地处海边，常年受台风影响，为保证结构的安全稳固，我们特意委托了风洞单位进行试验论证，提出结构计算所需的准确的风荷载数据和结构风效应的震动频率及加速度。试验论证的结果给设计方案提供了充分的理论支持，面对 2018 年超强台风"山竹"的考验也岿然不动的"战绩"证明了设计方案的巨大成功。

1　　塔身结构拆分示意图

2　　塔身内部实景

3　　塔身结构三维示意图

4　　风洞试验模型照片

4

安装施工

高品质的设计要求、特殊的结构设计、高空狭小的施工场地，以及深圳 8 月特殊的天气，都让我们一度对"深北莫之星"的安装施工过程有些担忧。施工单位对安装方案高度重视，进行了三种方案的比选，从工期、安全、成本综合考虑，最终选择方案一作为实施方案。

由于工期紧、任务重，这一工程不得不在 8 月进行高空安装，且要在一个月内完成，需要克服温度高、台风多的恶劣环境。为了确保施工的安全，在一系列安全防护措施的基础上，另外根据塔尖的高度每间隔 5 m 设置一个钢结构操作平台，并将其水平封闭。

受构件运输和吊装能力的限制，钢结构构件需要在工厂制作，运输到现场进行地面拼装后再进行吊装，或是在现场空中对接。为了保证质量，在制作方面，运用 BIM 技术，搭建整个塔尖的三维实体模型，根据运输条件和现场吊装的实际情况，对构件进行分段、分解，利用 BIM 技术自动导出加工图指导工人制作，以保证制作的质量；在拼装方面，采用地面拼装小单元、单元整体吊装的安装方法，并利用 BIM 模型直接导出单元的拼装图指导拼装，同时在单元下端增加临时加固梁，以防止单元吊装变形；在安装方面，利用 BIM 模型直接测出每根钢管柱中心相对于工程原点的三维坐标，安装时利用全站仪测量、校核钢管柱中心坐标，保证安装的质量。

由于施工过程中存在高空焊接作业，为避免火花掉落引起火灾，施工单位制定了严格的防范措施。

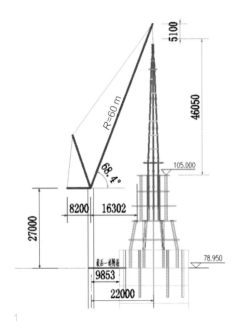
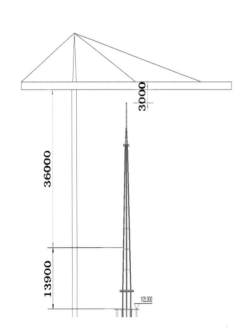
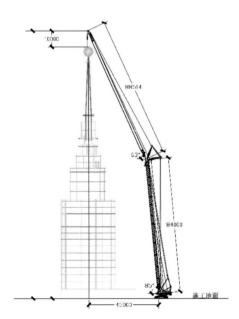

高空作业面狭小，风大、温度高，施工人员每天作业的黄金时间有限，因此需要周密地安排轮岗排班。经过各方紧密高效配合，最终优质高效地完成了"深北莫之星"的安装施工，达到了预期的效果。

（文 / 胡涛）

1   吊装放样

2   施工过程示意图

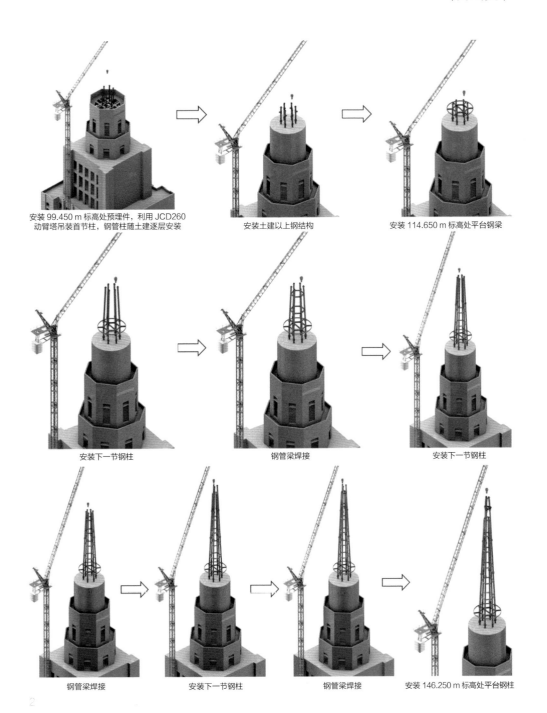

安装 99.450 m 标高处预埋件，利用 JCD260 动臂塔吊装首节柱，钢管柱随土建逐层安装

安装土建以上钢结构

安装 114.650 m 标高处平台钢梁

安装下一节钢柱

钢管梁焊接

安装下一节钢柱

钢管梁焊接

安装下一节钢柱

钢管梁焊接

安装 146.250 m 标高处平台钢柱

安全、可靠的校园电力系统设计及智慧校园打造

Проектирование безопасной и надежной электроэнергетической системы кампуса и создание «умного» кампуса

随着我国人民生活水平不断提高，国家对教育事业越来越重视，出现许多设施齐全、功能广泛的高等院校，这些院校以教学楼为主，并有实验楼、办公楼、宿舍楼、食堂、图书馆、体育场所等完善的配套设施。

电力是现代工业生产、民用住宅及企事业单位的主要能源和动力，尤其是对于学校建筑来说。现代社会的信息化和网络化，都是建立在电气化的基础之上的。因此，电力供应如果突然中断，

1

将对这些用电部门产生严重而深远的影响。所以，持续稳定的供配电意义重大。

深圳北理莫斯科大学位于深圳市龙岗区国际大学园路1号，紧靠主干路龙翔大道。校园主要分为教学区、生活区、体育活动区、景观区4个部分。建筑主要位于教学区、生活区内，包括主楼、会堂、图书馆、2栋实验楼、3栋教学楼、体育馆、3栋教师宿舍楼、5栋学生宿舍楼、食堂等。根据学校所能取得的电源及学校用电负荷的实际情况，并适当考虑到学校的发展，按照安全、可靠、优质、经济的供配电基本要求，确定变电所的位置与类型，确定变电所主变压器的台数与容量、类型，选择变电所主接线方案。

按照学校与当地供电部门签订的供用电协议，由市政引入两路10 kV高压电源，电缆沿规划一路（赛场路）现有电缆沟敷设至主楼地下1层10 kV市政开关房。

主楼：一路市政10 kV高压电源接入环网柜，按单母线方式运行，并引出一路电源至地下室主楼变电所高压房，之后以放射形式出线，分别接入主楼各变压器和图书馆地下室变电所高压房；另一路市政10 kV高压电源接入其他环网柜，并引出一路电源至1#实验楼。

1#实验楼：由主楼引来的10 kV高压电源接入地下室高压房，系统按单母线方式运行，之后以放射形式出线，分别接入1#实验楼各变压器和2#实验楼地上一层高压房。

图书馆：10 kV高压电源由主楼高压房引至本楼高压房，然后以放射式向变电所各变压器供电。

2#实验楼：10 kV高压电源由1#实验楼高压房引至本楼地上一层高压房，然后以放射式向变电所各变压器供电。

1#~3#教学楼、会堂：1#~3#教学楼与会堂设置分配电室，分别由图书馆、2#实验楼、主楼变电所提供0.4 kV低压电源。

主楼、图书馆与2栋实验楼内的变配电所内，变压器两两联络，低压侧为单母线分段接线，正常时变压器分列运行，当一台变压器故障时，母联开关手动投入，此时切除部分负荷，只对较重要的负荷供电。同时，为保证消防负荷及其他一、二级负荷用电，在各变配电所设置柴油发电机组，火灾停电时保证消防负荷用电，平时停电时保证一、二级负荷用电。

柴油发电机启动信号取自相应变电所变压器低压侧主断路器，并能在15 s内输出电力。火灾停电时，低压配电屏之应急母

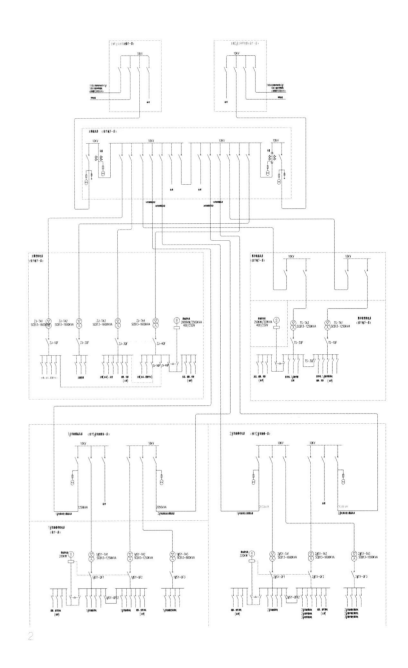

1   校园夜景灯光照明

2   高压结构图

排通过双电源自动切换装置将相应负荷转接至备用发电机组，大大提高了供电的可靠性。

照明是整个项目不可或缺的一部分，在初期方案设计时，采用了传统的T5荧光灯作为主要光源，考虑到校园项目应绿色环保、节能，后期设计时更改为高效节能的LED灯。LED灯是冷光源，对环境没有任何污染，与白炽灯、荧光灯相比，节电效率可以达到80%以上；耗电量仅为普通白炽灯的1/10，荧光灯管的1/4，降低了学校后期的运营成本。与白炽灯和日光灯相比，LED灯直流驱动，没有频闪；没有辐射污染，显色性高且具有很强的发光方向性；调光性能好；发热量低，可以安全触摸，符合安全的设计理念。

由于深圳属于雷雨较多的地区，而项目包含多栋具备不同使用功能的建筑，所以防雷设计是保证安全的重要环节。

经计算，教学区8栋建筑均按照二类防雷建筑物设防。建筑物为防直击雷应采用满足规范要求的金属屋面、φ12 mm镀锌圆钢沿建筑物屋面女儿墙顶部外表面垂直面上（外）敷设接闪带，并在屋面形成不大于10 m×10 m或12 m×8 m的接闪网格；凡突出屋面的金属构件，如卫星天线基座（电视天线金属杆）、金属通风管、屋顶风机、空调主机、太阳能集热板支架、金属屋面、金属屋架等均应与避雷带可靠焊接；当半径为45 m的球体从屋顶周边接闪带外侧垂直下降，并接触到水平突出外墙的物体时应装设接闪带或接闪杆。高度超过60 m的建筑物应采取防侧击雷措施。利用钢筋混泥土柱内2根直径大于16 mm的主筋通长焊接做引下线，其水平电气间距不大于18 m，每根引下线上部与屋面接闪带焊接，下部与底板的主筋焊接，构成良好的电气通路。在变配电室变压器高压侧装设避雷器，低压母线上装Ⅰ级浪涌保护器（SPD）；弱电机房配电箱内装Ⅱ级浪涌保护器；屋顶室外用电设备、室外照明配电箱内装Ⅱ级浪涌保护器；凡直埋进出建筑物的金属管道及各埋地电缆金属外皮就近与防雷接地装置做等电位连接。本工程建筑物电子信息系统雷电防护等级为C级。电子系统的室外线路采用金属线缆时，在引入终端箱处安装D1类高能试验型浪涌保护器。电子系统的室外线路采用光缆时，其引入终端箱处的电气线路侧，当无金属线路自本建筑物引出至其他有接地装置的设备时，安装B2类慢上升试验类型的浪涌保护器。

配电系统的接地为TN-S方式，即中性线（N线）与安全保护线（PE线）从变电所接地后开始分开，全系统内PE线和N线相互绝缘，不得相互混淆。系统内所有PE线应采用黄绿相间的色标，所有配电箱应分别设有N线和PE线端子，以保证人身安全。

1

2

1　　小会议室照明

2　　会堂入口序厅照明

3　　校园夜景灯光照明

本项目设置了电气火灾监控系统和消防电源监控系统，以保证师生的安全。校园是人员密集场所，建筑物内各种电气线路越来越多。据统计，每年发生的电气火灾数约占总火灾数的30%，在公共聚集场所甚至达到46%。目前的火灾自动报警原理是：在火灾发生前，建筑物内产生烟雾或温度升高，被灵敏度较高的感烟或感温探测器察觉，从而报警。但这些探测器对线路损坏而产生的微小电弧是无能为力的，正是这些电弧的"星星之火"产生的高温，引燃了附近的可燃物造成火灾。因此，实时监控电气线路的故障和异常状态，及时发现电气火灾的隐患，及时报警，提醒有关工作人员消除这些隐患，无疑是防止电气火灾的一个有力措施。

有了安全可靠的电力系统，现代化的高等院校自然少不了信息化的智慧校园平台。

计算机技术、多媒体技术、网络技术以及智能化建筑技术的迅猛发展，不仅对人们的学习、生活、工作方式产生了巨大的影响，而且引发了学校教学模式、教学方法、学习方式、教学环境等支撑环境建设的变革。因此，基于以上技术的智慧校园已成为21世纪校园建设发展的趋势。《国家教育信息化十年发展规划（2011—2020年）》指出：教育信息化应以促进义务教育均衡发展为重点，以建设、应用和共享优质数字教育资源为手段，促进每一所学校享有优质数字教育资源，提高教育教学质量；帮助所有适龄儿童和青少年平等、有效、健康地使用信息技术，培养自主学习、终身学习能力。因此，在信息化建设中，可

3

通过信息化手段和工具，将校园的各项资源、管理及服务流程数字化，形成校园的智慧环境，使现实的校园环境凭借信息系统在时间和空间上得到延伸。信息化校园旨在用层次化、整体性、战略性的观点来规划和实施校园信息化建设，对校园内信息进行更好的组织和分类，让师生快速找到自己需要的信息，并为师生提供网上教学、网上实验、网上信息交流的环境，同时也可以让管理人员科学、规范地管理自己的数据，并将这些信息快速准确地发布出去，为师生、社会服务。

深圳北理莫斯科大学智慧校园平台包括安全、智慧、互联三大板块，通过智慧校园管理平台的数据整合，在传统校园基础上构建一个数字空间，以拓展现实校园的时间和空间维度，提升传统校园的运行效率，扩展传统校园的业务功能，最终实现教育过程的信息智慧化，达到提高办学质量和管理水平，从而提升核心竞争力的目的。

通过对目前各类主流技术的选型，我们提出学校智慧校园建设的总体架构，如下图所示。

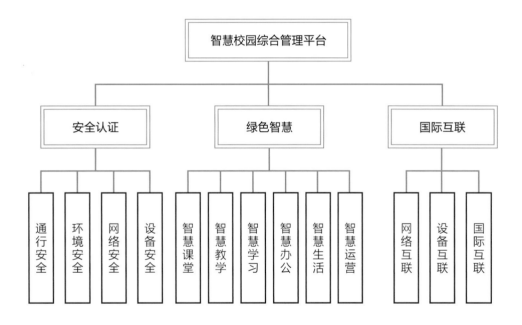

校园安全是学校教育工作有序进行的首要前提。深圳北理莫斯科大学通过采用自动化控制、视频采集、射频认证以及智能控制等多种技术，打通安防各子系统及网络安全子系统的信息孤岛，为校园的安全以及正常教学提供可靠的保障。

1. 通行安全

智能人脸识别通行系统以人脸识别技术为核心，利用先进的智能识别算法，定位人脸的五官和轮廓位置，建立可变量数学模型，通过动态捕捉采集人面部的关键点，实现高效准确的标定和识别比较，提供便捷准确的人物身份识别，提供"云＋端"的一体化解决方案，包括软件 SDK、云服务和身份验证一体机硬件终端产品。通过活体检测、证卡识别、人脸比对等功能，确保用户身份的真实性。应用于学校大门、学生宿舍及教师宿舍门厅的门禁，降低进出校访客认证风险，同时降低人力资源成本。

2. 环境安全

利用校园内全覆盖部署的监控系统，可获取校园内各重点区域的视频等多种信息，实时上传至智能感知平台。智能感知采集设备具有无线信息的采集能力，感知平台服务器提供信息的接收、调用、发送服务的接口。数百万像素高清录像可以使事后取证更加准确，提高事故处理效率；网络摄像机前端行为分析预警使得监控系统更加智能化，响应速度更快。利用大数据对未知区域（盲区）内的行为进行分析，可为学校安保提供有力保障。

3. 网络安全

校园网设置网络安全智能系统，采用最新大数据分析和机器学习技术，进行基于 APT 攻击链、检测单点事件、关联组合威胁的全面监测，实现精确的 APT 攻击预警，通过主动防御，有效缩小攻击时间窗，保障校园网络安全。

4. 设备安全

采用动环监控系统为数据中心基础设施提供高可靠运维与精细化运营，对数据中心实施统一管理，通过对数据中心采取动力监控、环境监控、安防监控、电池状态监控等多重监控措施，搭建运维全景图，实现实时状态监测、告警管理、运维建议等功能，有效保障校园信息化系统的高可靠性。

5. 智慧课堂

开展智能化信息生态环境下的信息技术与教育教学深度融合。通过配置交互式黑板、数字化录播系统、数字班牌、智能灯控及教室中控系统，搭建智慧化课堂，实现互动演示、课件录播、信息发布、教室自控等新型教学管理模式。

图书馆密集书库

6. 智慧教学

通过学校搭建的智慧云课堂，老师可将录制好的教学视频、图文材料、自学测评试题等内容上传至云平台，学生可进行远程学习，并可在课余时间反复观看教学视频，查看图文材料，进行自测，以扩展学习。

7. 智慧学习

学生可实时获取课表信息，接收课前提醒、课程变动通知；可实时查询空闲自习室，进行座位预约，并结合智能灯控，实现就坐亮灯，离座灭灯。

8. 智慧办公

教师可随时随地发布班级的消息、通知，一键触达全体学生，并可实时记录学生的考勤，了解

1   灯光照明下的会堂

1

每位学生的出勤动态；同时教师可随时随地聆听学生及家长心声，为学生答疑解惑，了解家长
的诉求，增强家长的信任度，帮助家长建立正确的教育观念。

9. 智慧生活

更纯粹、更自主的校园活动平台，用于学校教务、社团组织发布公告信息，无商业化元素。
移动支付解决一切缴费难题，学费、水电费、手机费实时充值，学校补助、奖学金直接发放到
个人账户，提供全面的生活服务。

10. 智慧运营

利用云计算、大数据等新技术，对校园内建筑的水、电等各种能耗数据进行实时采集及优化分析，
达到能耗清晰化、数据可视化、管理数字化、分析图表化、能耗指标化的目的，并优化设备的
运行策略，实现节能减耗。

11. 网络互联

当今是一个万物互联的时代，深圳北理莫斯科大学也紧跟时代的脚步，将人、流程、数据和事
物结合在一起，实现在任何时间、任何地点的人、机、物的互联互通。
通过校园全无线网络覆盖，满足广大师生随时随地进行个性化的学习、教学、研究和专业发展
的需要。

12. 设备互联

利用物联网等新技术，对校园灯光控制、设备运行、建筑环境中的多种机电设备运作进行全面
整合，实现设备之间信息共享，解决信息孤岛问题，降低校园运营成本。

13. 国际互联

设置数据中心，与莫斯科大学实现云端资源整合，推进基于网络的学校之间联合教学，便于教
师利用网络进行教学科研、远程研修和学术交流合作。

深圳北理莫斯科大学，本着"安全、可靠、绿色环保"的理念，打造一个绿色健康的智慧校园。

（文 / 叶凌、曹焕）

遵循自然，构建卫生、安全的生态水资源系统
Создание здоровой и безопасной экологической водной системы с уважением к природе

工程概述

深圳北理莫斯科大学位于深圳市龙岗区龙城街道，紧靠主干路龙翔大道。用地面积为 333 694 m²，其中可建设用地面积为 268 351 m²，生态绿地面积为 65 343 m²。

校园主要分为教学区、生活区、体育活动区、景观区 4 个部分。建筑主要位于教学区、生活区内，包括主楼、会堂、图书馆、2 栋实验楼、3 栋教学楼、体育馆、3 栋教师宿舍楼、5 栋学生宿舍楼、食堂等，最高建筑高度为 100 m，容积率为 0.769，绿地率为 35%。主楼消防按一类高层公共建筑设计。

本工程设有生活给水系统、生活污水排水系统、雨水排水系统、雨水收集回用系统、消火栓给水系统、自动喷水灭火系统、气体自动灭火系统等。

1. 生活给水系统

水源：采用城市自来水，市政自来水供水压力不小于 0.28 MPa。

最高日用水量为 980 m³/d，最大时用水量为 145 m³/h。

系统设置：在 2# 宿舍楼地下室设置 1 座生活水箱和生活水泵房，水泵房内设 3 组生活变频加压供水泵组；生活给水系统竖向上分为 4 个区；各区用水点压力超过 0.2 MPa 时采用减压阀支管减压，给水点处的给水压力不小于 0.1 MPa；由远传压力表将管网压力信号反馈至变频柜，由其控制给水变频调速水泵的运行。

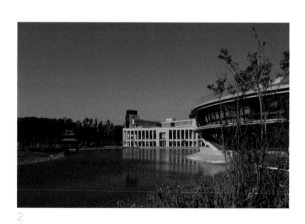

2. 生活污水排水系统

生活污水排水量为 935 m³/d，最大时排水量为 138 m³/h。

采用雨污分流制排水，污废分流，卫生间污废合流排水。生活污废水排

1	校园总平面图
2	校园湖景

至室外污水管，经化粪池处理后，再排至市政污水管；食堂、餐厅、厨房等处的含油废水经隔油器隔油后，排至室外污水管；实验楼实验废水由单独设置的实验废水管收集，然后排入室外实验废水处理池进行处理，处理达标后排入室外污水管。

3. 雨水排水系统

屋面、露台处的雨水经雨水立管集中后排至室外雨水管；室外地面场地的雨水经下渗处理后回补地下水，场地多余的积水经雨水口收集，排入室外雨水管，经汇流集中后，再经排出管排至市政雨水管。

设计重现期：屋面雨水设计重现期采用 5 年，地面雨水设计重现期采用 3 年。

3# 食堂地下室设中水处理站，抽取人工湖下游湖水进行处理，处理后的水储存于清水池中，经加压供给整个校区，用于车库冲洗及绿化、道路浇洒。

4. 消防给水系统

主楼按一类高层办公楼消防给水设计，自动喷水灭火系统在地上按中危险级Ⅰ级、在地下车库按中危险级Ⅱ级设计，各单体按相应的消防类别及危险等级设计。

1）消防用水量

室外消火栓用水量为 40 L/s，室内消火栓用水量为 40 L/s，火灾延续时间为 3 h；自动喷水灭火系统用水量为 40 L/s，火灾延续时间为 1 h；雨淋灭火系统用水量为 80 L/s，火灾延续时间为 1 h。

在主楼地下室设消防水泵房及消防水池，水池分为 2 座，总有效容积为 864 m³，储存全部室内消防用水量。在主楼屋顶设 50 m³ 的高位消防水箱及增压稳压系统，为整个校区室内消防系统稳压。主楼地下室消防水泵房内分别设有室内消火栓水泵、自动喷水水泵、雨淋系统水泵，均为 2 台，用一备一。

2）室外消火栓给水系统

从规划一路、龙翔大道市政给水管各引入一条 DN250 进水管，在校区内形成 DN200 环状供水环管，供给校区室内外消防用水。从室外给水环状管道上接出室外消火栓，间距不超过 120 m，保护半径不大于 150 m；距道路边不大于 2 m，距建筑物不小于 5 m。发生火灾时，由城市消防车从现场室外消火栓取水经加压进行灭火或经水泵接合器供室

3

4

3　中央广场一侧的风雨连廊

4　1# 教学楼边庭

内消防灭火用水。

3）室内消火栓给水系统

采用临时高压消火栓给水系统。消火栓给水系统按竖向分为高、低区：绝对标高 85 m 以下为低区，由高区消火栓管网经减压阀减压后供给；绝对标高 85 m 以上为高区，由地下室消防水泵房内消火栓水泵直接供给。火灾初期由主楼屋顶消防水箱及消火栓稳压系统稳压。室内消火栓系统在室外各栋楼附近按分区分别设置水泵接合器。

4）自动喷水灭火系统

采用临时高压自动喷水灭火系统，除不宜用水扑救部位外，均设喷洒头保护。自动喷水给水系统按竖向分为高、低区：绝对标高 85 m 以下为低区，由高区自动喷水管网经减压阀减压后供给；绝对标高 85 m 以上为高区，由地下室消防水泵房内自动喷水水泵直接供给。火灾初期由主楼屋顶消防水箱及自动喷水稳压系统稳压。自动喷水系统在室外各栋楼附近按分区分别设置水泵接合器。

1

5）雨淋灭火系统

会堂主席台采用雨淋灭火系统，按严重危险级 II 级设计，系统设计流量为 80 L/s，火灾延续时间为 1 h。采用临时高压消防给水系统，由设置在主楼地下室的雨淋水泵供水，火灾初期由主楼屋顶消防水箱供水。

6）自动扫描射水高空水炮灭火系统

在净空高度大于 12 m 的部位设置自动扫描射水高空水炮灭火系统，设计流量为 10 L/s，内置探测器、水炮，探测器全天候检测保护区范围内的一切火情。一旦发现火情，探测器即打开水炮前的电磁阀，并输出信号启动水泵喷水灭火；灭火后，探测器发出信号关闭电磁阀并停泵。每个水炮流量为 5 L/s，同时开启数为 2 个。系统由自动喷水水泵及喷淋管网供水。

2

7）气体自动灭火系统

在变配电室、高低压配电室等不能用水灭火的部位设置管路式七氟丙烷气体全淹没灭火系统。在气体灭火系统的防护区内设火灾探测器，灭火系统在接收到 2 个独立的火灾信号后启动。在防护区的入口处设有手动操作装置。

3

8）高压细水雾灭火系统

在图书馆密集书库等保护区域采用高压细水雾灭火系统。系统由设置于图书馆地下室的高压细水雾泵组供水，单泵供水参数为 Q = 448 L/min，H =13 MPa，N = 30 kW，用四备一，稳压泵参数为 Q =11.7 L/min，H =12 MPa，N = 0.55 kW，用一备一。系统持续喷雾时间为 30 min，开式系统的响应时间不大于 30 s，最不利点处喷头工作压力不低于

10 MPa。

9) 建筑灭火器配置

变配电室、发电机房、地下车库按严重危险级配置灭火器，其他处按中危险级配置灭火器。采用磷酸铵盐干粉灭火器。变配电室、弱电机房、电梯机房设置推车式磷酸铵盐干粉灭火器 MFT/ABC20 1台，保护距离为 18 m；每个消火栓附近放置手提式磷酸铵盐干粉灭火器 MF/ABC5 2具，保护距离为 20 m。

景观湖水体治理

景观湖采用水生系统净化技术，结合人工湿地系统构建，通过模拟自然界水体自净机理，恢复和重建水体的微生物食物链，以实现水质治理功能，构建水下植物、动物生态平衡系统，强化水体污染物的分解和氮磷等营养盐的去除，使水体具有稳定、完善的自净能力。

1. 湖水水体补水

湖水水体补水采用人工湿地进行净化处理，即收集雨水经人工湿地净化处理后进入景观湖。

4

2. 水生生物净化系统

从景观湖的周边及生态系统的基本环境需求出发，景观湖水下依序种植湖底植物：浅水型沉水植物，以四季常绿、矮生耐寒的强净水性苦草为主；深水型沉水植物，以强净水性金鱼藻、刺苦草为主；滨水植物，以强净水性水葱、梭鱼草、水生美人蕉、香蒲、芦苇等为主；浮叶植物，以花色丰富多样的强净水性睡莲为主。

构建大型底栖动物群落，底栖动物根据其摄食习性选择贝类作为群落调控的主要种类；分点投加一定数量选育的清水型浮游动物群落，完善水体上层食物链。

3. 湖水净化系统

湖水水体采用机械循环过滤水处理工艺净化水质，辅助设置曝气设备，增加溶解氧。

1

2

3

4

会堂消防给水系统

会堂除采用常规的室内消火栓、自动喷水灭火系统外，会堂的舞台采用雨淋灭火系统，按严重危险级 II 级进行设计，雨淋灭火系统用水量为 80 L/s，观众厅吊顶净空控制在 12 m 以内，采用自动喷水灭火系统，自动喷水灭火系统用水量为 40 L/s，雨淋及自动喷水灭火系统火灾延续时间为 1 h。

会堂舞台的雨淋灭火系统由设置在主楼地下室的雨淋泵及主楼屋顶消防水箱联合供水。雨淋灭火系统在室外设 6 个水泵接合器。

雨淋灭火系统采用开式喷头，系统控制喷头采用 DN10 口径，雨淋喷头采用 DN12.7 口径，最不利点压力不小于 0.05 MPa。运行情况显示在消防控制中心的控制屏上。

5

6

体育馆恒温泳池水处理

游泳是深受人们喜爱的运动项目之一，游泳池是学校师生游泳的场所。深圳北理莫斯科大学游泳池设在体育馆的首层。

1. 工程概况

体育馆位于校园东北侧运动区，南侧紧临体育场，总建筑面积为 6 358.3 m²，共 2 层，建筑高度为 20 m，1 层为游泳馆，设置有一个 25 m×50 m 的标准泳池，入口位于建筑西侧；2 层为室内体育馆，共有 3 个篮球场和 3 个乒乓球场，篮球场可兼作网球场使用，入口位于建筑南侧；地下室为体育馆独立地下室，主要作为泳池水处理机房。首层游泳馆层高 7 m，2 层篮球馆层高 9~13 m。游泳池为设置在室内的恒温标准游泳池。

2. 游泳池水处理工艺

游泳池工程中水是主体，由于水质直接关系到游泳者的身体健康，所以池水净化处理是游泳池工程设计中的一项重要内容。池水净化处理就是通过循环过滤除掉池水中的悬浮颗粒、杂物和残渣，从而有利于化学消毒剂的扩散杀菌，包括如下 3 个基本工艺要素。

（1）池水循环：利用水泵将池水送至相应的处理设备进行净化、消毒和加热后再送回游泳池内继续使用。给水口、回水口的设置对保持池内水质均匀至关重要。

（2）池水过滤：过滤是池水净化处理工艺主要的工序，通过过滤可以去除游泳者带入池水中的微生物、颗粒物、悬浮物、毛发等，使水变得干净，达到洁净透明。

（3）池水消毒：未被过滤除掉的细菌、病毒、水藻及微生物会给游泳者带来健康风险，可采用物理、化学或生物等方法杀灭池水中的致病菌，氧化去除溶解在水中的看不见的杂质（如皮屑、汗液、尿液、护肤品、化妆品等），保障池水安全、卫生。

3. 恒温游泳池循环水处理工艺流程

依据《游泳池水质标准》（CJ/T 244—2016）、《游泳池给水排水工程技术规程》(CJJ 122—2017)，恒温游泳池循环水处理工艺流程如下。

1）水源
水池的初次充水、重新换水及正常使用过程中的补水均采用市政自来水，水质符合《游泳池水质标准》（CJ/T 244—2016）。

2）循环水处理流量
泳池尺寸为 L50 m×B25 m×H（1.8~2.2）m，泳池体积为 2 500 m³，循环周期为 6 h，循

环流量为 438 m³/h；循环水泵自带毛发过滤器，用三备一；采用池底布水、池顶回水的全逆流池水循环方式。

3）过滤系统

池水应先进行预过滤，去除其中颗粒粗大的杂物，以筛网或带有孔眼的滤筒截留水中直径在 100 μm 以上的固体杂物，用粗滤装置（即毛发聚集器）对水中的毛发、树叶及其他杂物颗粒进行阻隔收集，防止这些杂物、污物损坏水泵或进入过滤设备内，以免破坏滤料层的过滤功能，影响过滤器的过滤效率和过滤效果。

精细过滤用于去除池水中的悬浮状颗粒及胶体絮状物。游泳池池水所用的过滤器种类较多，按水流状态主要分为重力流过滤器和压力过滤器。本工程选用滤速大、占地面积小、布置灵活、自动化程度高的压力过滤器，滤料采用机械强度高、耐磨损、耐压性能好、货源充足、价格低廉、使用普遍的石英砂颗粒滤料。

混凝剂投加装置是颗粒压力过滤器为了提高过滤精度而设置的辅助过滤装置。粒径为 0.5~1.0 mm 的石英砂滤料间隙是 100~200 μm，为了滤除游泳池池水中只有几微米大的微生物及杂质，需要向循环水中连续投加混凝剂，将池水中的微生物和胶体粒子吸附、聚集形成较大颗粒的污物，以便被过滤器的滤料层截留，提高过滤器的精度。据世界卫生组织《环境娱乐用水安全准则》(2006 年版) 中的资料分析，在中速过滤条件下，加入适当的混凝剂，可以去除 7 μm 以上的悬浮杂质。

1 恒温泳池水处理系统工艺流程图

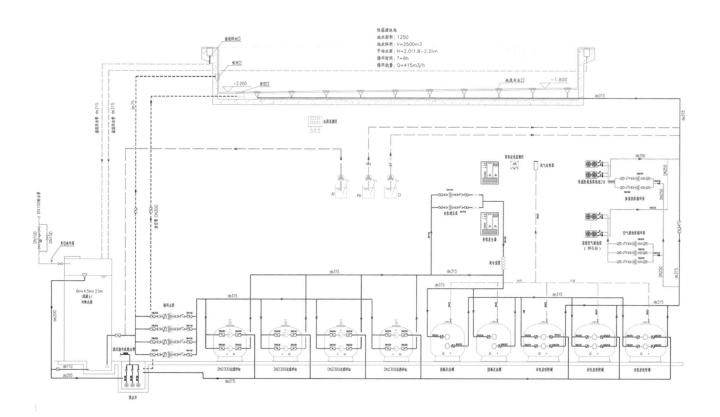

采用耐温抗腐蚀压力式过滤器和石英砂滤料，石英砂滤料粒径为 0.6~0.8 mm，不均匀系数小于 1.40，滤料层厚度不小于 700 mm，设计滤速为 15~25 m/h，反冲洗强度为 12~15 L/(s·m²)，反冲洗时间为 6~7 min。

4）消毒系统

采用臭氧－氯联合消毒。臭氧是一种强氧化剂，它与水中易被氧化的物质发生氧化反应，生成不溶解于水的氧化物，还与水中的有机物发生反应，使有机物发生不同程度的降解。臭氧也是一种非常强的广谱杀菌剂，能杀灭氯不能杀灭的病毒和孢囊，对已变异、抗药性强的细菌、芽孢、病毒、微生物具有良好的杀灭和预防效果，可有效防止传染病的蔓延。此外，臭氧还具有除嗅、脱色的作用。臭氧的缺点是无持续消毒作用，因此，在臭氧消毒后还需加入氯消毒剂，以保持对池水的长效消毒杀菌作用。臭氧消毒系统采用全流量全流程消毒处理，臭氧投加量采用 1.0 mg/L，臭氧发生器受臭氧浓度监测仪表控制，当后者监测到臭氧浓度超标时会自动关闭臭氧发生器。臭氧消毒系统中，池水经反应罐消毒后进入活性炭吸附罐。吸附介质采用吸附性好、机械强度高、化学性能稳定、再生能力强的颗粒活性炭，活性炭粒径为 0.9~1.6 mm，比表面积不小于 1 000 m²/g；吸附罐吸附速度不应大于 35 m/h，反冲洗强度为 9~12 L/(s·m²)，反冲洗时间为 5~8 min。氯消毒剂采用次氯酸钠，在投加氯消毒剂的同时投加 pH 调整剂，使池水 pH 值保持在 7.2~7.8。

4. 恒温加热系统

泳池水设计温度为（27±1）℃，初次充水加热时间为 48 h；室内空气温度比水温高 2 ℃。体育馆中篮球馆采用中央空调系统，泳池采用恒温恒湿空调系统，其余附属房间采用多联机空调系统。体育馆空调末端形式：大空间采用全空气系统；附属房间采用风机盘管（吊顶柜机）加新风系统。送风系统采用低速送风系统，充分利用过渡季节的室外新风，在过渡季节采用全新风运行与根据 CO_2 浓度控制新风量相结合的方式，以达到最大的节能效果。在疫情时期，全新风运行可减少疾病通过空调系统的传播。多联机空调系统采用嵌入式或暗藏风管式室内机，新风系统采用专用新风机或全热交换器。全热交换器采用热回收技术，将排风中的能量回收用于对新风进行预冷，可以充分利用废热能量，节约能源。

恒温泳池采用空气源热泵加热，采用三集一体热泵辅助加热。

空气源热泵的热水机组是利用新能源的新一代热水制取设备，高效节能、环保、安全，根据逆卡诺循环原理，机组以少量电能为驱动力，以制冷剂为载体，源源不断地吸收空气或自然环境中难以利用的低品位热能，将其转化为高品位热能，实现低温热能向高温热能的转移，再将高品位热能释放到水中制取热水，可大大节省加热运行费用和减少对传统能源的消耗。

1

2

3

室内泳池水体的热量损失主要由水体表面蒸发引起，当空气湿度降低时，热能随池面水分蒸发进入室内空气，如果湿度未控制在理想范围内，空气中所含高湿气则会在天花板、墙壁上凝结水气，在热量流失的同时严重侵蚀室内装饰，还极易造成闷热不适的感觉。在除湿热泵普及之前，最常用的控制湿度的方法就是排出潮湿的空气，引进外界干燥的空气并加热至室温，这种方式的空气交换、加热在春、秋、冬三季会产生相当大的运行费用，同时需要电或燃料加热器为泳池池水提供所需要的热量，导致双重成本居高不下。集池水加热、除湿和空气调节三项功能于一体的三集一体热泵，既能保持室内泳池空气的恒温恒湿和池水的恒温，又可以节省能源，降低运行费用。

三集一体热泵辅助加热池水，除湿系统优先满足空气加热需求，当系统中有多余的热量时，可采用三集一体热泵加热池水；当除湿系统中无多余的热量或输出的加热量不满足要求时，启动空气源热泵加热。泳池加热的空气源热泵采用泳池专用空气源热泵，初次加热时 6 台全部启动，日常恒温可根据加热需求按组启动。

5. 设计过程回顾

深圳北理莫斯科大学项目的施工图设计任务紧急，在使用方未介入的情况下，游泳池按教学游泳池的标准进行设计，水处理工艺采用常规恒温泳池循环水处理工艺，即逆流式循环石英砂压力过滤加氯消毒，采用空气源热泵加热和除湿热泵辅助加热，该工艺节省造价，运行费用低，为公共游泳池普遍采用，运行效果良好。

在泳池设备安装施工招标前，总包方委托游泳池专业公司进行了深化设计，采用全自动溶氧精滤机设备和氯消毒系统，该设备有 7 层滤料，水中溶解氧含量高，出水浊度小于或等于 0.4 NTU，尿素小于 3.5 mg/L，氯消毒投加量小，处理后的出水水质符合国家《游泳池水质标准》（CJ/T 244—2016）及世界级竞赛游泳池水质标准。该重力式一体化全自动精滤曝气设备在国家级竞赛池中已有应用，技术工艺成熟，应用效果较好。 深圳工务署组织总包单位、监理单位、设计单位一同去湛江参观考察了广东省全运会奥林匹克中心游泳场馆，实地了解游泳馆建造标准及水处理设备应用情况，学习和借鉴游泳场馆的建造经验。在施工过程中校方提出了游泳池的建造标准，即要达到国家级竞赛池和训练池的标准。游泳池原施工图是按常规泳池水处理工艺设计的，消毒采用的是氯消毒系统，依据《游泳池给水排水工程技术规程》（CJJ 122—2008）第 6.1.3 条"世界级和国家级竞赛、训练游泳池应采用臭氧或臭氧-氯联合消毒"，因此，原水处理工艺需增加臭氧消毒系统，即相应增加反应罐、吸附罐、臭氧发生器、水射器、混合器、臭氧增压泵等设备。

泳池深化设计所采用的全自动溶氧精滤机设备，因设备报价超出招标价限额较

1、2、3   游泳馆室内
4、5、6   泳池水处理机房

多，经造价咨询单位多方核实比对，未能采用。为满足校方对泳池标准的要求，经建设单位同意，泳池水处理工艺在原处理工艺基础上增加了臭氧消毒系统。

1

实验楼废水处理

深圳北理莫斯科大学 1# 实验楼主要设置有化学实验室和生物实验室。现行环保法规要求，各化学实验室废水和生物实验室废水应设置相应的处理系统处理，达到规定的排放标准后才能排至市政污水管网。根据深圳市人居环境委员会对本项目的环境影响批复，排放废水执行广东省《水污染物排放限值》（DB 4426—2001）中第二时段三级标准。

2

1）处理规模

根据校方确定的 1# 实验楼的化学实验室、生物实验室的废水排放量（60 m³/d），混合废水处理系统的日处理能力按 60 m³/d 设计，采用连续处理工艺，运行时间为10 h，每小时处理能力按 6 m³/h 设计。

2）原水水质

依据同类实验室污水排放的水质资料，原水 pH 值为 1~5 、COD 为 600 mg/L，Cu^{2+}浓度为 10 mg/L，Zn^{2+} 浓度为 10 mg/L，Mn^{2+} 浓度为 10 mg/L。

3

3）出水水质

根据环评报告中的环保要求，出水必须满足广东省《水污染物排放限值》（DB 4426—2001) 第二时段三级标准，即 pH 值为 6~9，COD 不大于 500 mg/L，Cu^{2+} 浓度不大于 2 mg/L，Zn^{2+} 浓度不大于 5 mg/L，Mn^{2+} 浓度不大于 5 mg/L。

4）工艺流程

工艺流程如下图所示。

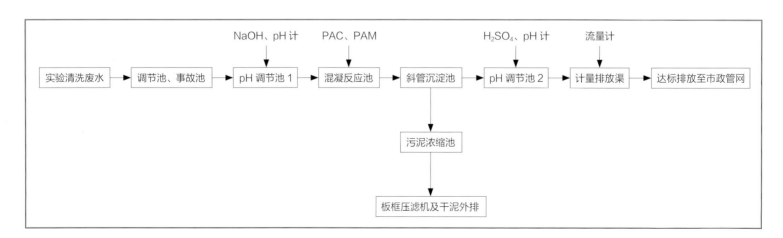

5）实验楼废水处理设置

在靠近 1# 实验楼的室外设置废水处理池，加药装置、鼓风机、控制柜等设在实验楼内。

图书馆书库高压细水雾自动灭火系统

图书馆书库的自动消防灭火系统有气体灭火系统、自动喷水灭火系统和高压细水雾灭火系统等。图书馆书库往往空间较大，气体灭火系统的实施效果不太理想，再加上气体贮备量大，成本高昂，且对人体有害；自动喷水灭火系统灭火时产生的水渍，会造成大量图书的损毁；高压细水雾灭火系统以水代气，不仅具有安全、环保、高效，可靠性高，水渍损失小，运行维护成本低等优点，而且具备特殊的降烟、降温、降毒功能，可快速隔离火源，对火灾现场烟雾和有毒气体进行有效降解和封堵，有利于疏散人员和保护消防队员的生命安全，其先进的灭火机理突破了传统灭火理念，是消防技术发展史上的一次革命。

图书馆密集书库设在地下一层，面积为 787 m²。根据《细水雾灭火系统技术规范》（GB 50898—2013）、《档案馆高压细水雾灭火系统技术规范》（DA/T 45—2009），在密集书库附近设计了一套高压细水雾灭火系统，主要用于保护密集书库，防范 A 类火灾。

1

1）高压细水雾系统组成

系统主要由细水雾泵组单元（含高压柱塞泵、稳压泵、控制柜等）、控制阀组、细水雾喷头、储水水箱、连接管件及报警系统组成。

2）系统选择及设计参数

系统选择开式系统，分区应用；开式系统响应时间不大于 30 s；系统持续喷雾时间为 30 min；开式系统流量按照防护区内同时动作喷头数的流量之和进行计算；最不利点喷头工作压力不低于 10 MPa。

3）主要设备选型

喷头选型：开式喷头，流量系数 $K=1.0$，最低工作压力为 10 MPa，流量为 10.0 L/min；喷头均按最大间距 3.0 m×3.0 m 布置，距墙间距不大于 1.5 m。

细水雾泵组：系统流量 $Q=450$ L/min，选用 4 台高压细水雾，用三备一，单泵流量为 153 L/min，压力为 13 MPa，功率为 37 kW，2 台稳压泵（用一备一），单泵流量为 239 L/h，压力为 1.38 MPa，功率为 0.32 kW。

给水系统：设置一座 18 m³ 不锈钢水箱，系统的水质不低于现行国家标准《生活饮用水卫生标准》（GB 5749—2006）的规定。

阀组选型：选用 DN32、DN40 两种规格的开式分区控制阀组。

2

4）系统工作原理及控制方式

自动控制：火灾报警控制器接收到灭火分区内一路探测器报警后，联动开启灭火分区内侧的消防警铃；接收到同一灭火分区内第二路探测器报警确认火灾后，联动开启灭火分区外侧的声光报警器，并打开对应灭火分区的控制阀组，同时给细水雾泵组控制柜提供启泵信号，启动主泵，压力水经过高压细水雾喷头喷放灭火。细水雾泵组控制柜及控制阀组反馈相关信号至火灾报警控制器，火灾报警控制器联动开启喷洒指示灯。

手动控制：当现场人员发现火灾且自动操作还未动作时，可按下现场手动报警按钮或火灾报警控制器上的启动按钮，打开对应灭火分区的控制阀组，同时给细水雾泵组控制柜提供启泵信号，启动主泵，压力水经过高压细水雾喷头喷放灭火。细水雾泵组控制柜及控制阀组反馈相关信号至火灾报警控制器，火灾报警控制器联动开启喷洒指示灯。

机械应急操作：当自动控制与手动控制无法实现时，手动按下控制阀组上的绿色开启按钮或通过手柄打开控制阀组，同时按下细水雾控制柜上的水泵启动按钮，启动系统，喷放细水雾灭火。

（文 / 雷世杰）

以人为本的健康校园空调系统设计
Человеко-ориентированное проектирование здоровой системы кондиционирования воздуха в кампусе

随着国家对高等教育的日益重视，全国新建大学校园工程日益增加。 新建的大学校园具有占地面积大、建筑密度低、人员密度大、建筑用途多变等特点， 其空调系统的设计没有统一的标准，需要根据项目的实际情况选择合适的系统。不同类型的大学，对空调系统的设计要求略有不同，除了需要考虑项目的地域气候特点、建筑使用功能以及安全等因素，还需要考虑使用者需求：对主楼、图书馆、会堂等各房间使用时间一致、负荷需求情况相同的建筑，就需要考虑集中空调系统；对教学楼、实验楼、宿舍楼等各房间使用时间不一致、负荷需求情况多变的建筑，就需要考虑多联机或分体空调等可以灵活调节的空调系统。所有的大学校园的建设都是为了给广大师生提供一个健康舒适的学习、生活环境，所以大学校园的空调系统设计，最重要的还是以人为本，充分考虑使用者的需求。

1

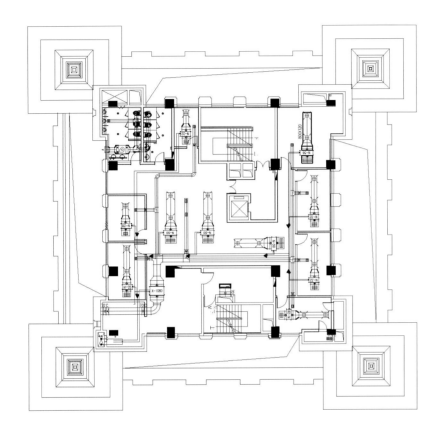

2

深圳北理莫斯科大学项目地处深圳，包含多栋具备不同使用功能的建筑，这种情况下采用同一种空调系统形式的做法显然无法满足不同功能区对空调的需求，所以合理地规划空调通风系统成为本项目空调系统设计的重要环节。根据前期与使用方商讨的结果、初设单位的前期成果以及对各栋建筑的使用功能和使用时间的充分考究，本项目从"以人为本"这一点出发，选用了多种不同的冷源形式，并配备了灵活多样的空调末端，以适应各栋楼使用者对空调的不同需求。除了采用常规的电动压缩式冷水机组外，还采用了多联机、风冷热泵等布置方便、控制灵活的空调系统。

主楼对于一个大学来说是校园文化特色的重要组成部分，更是一个大学校园的重要功能组成部分，所以深圳北理莫斯科大学主楼的空调通风设计就显得尤为重要。我们根据主楼建筑面积大、楼内各房间功能相似、使用时间相似、冷负荷变化相近的特点以及建设地点深圳所处的气候分区，在前期设计时，采用了常规的电动压缩式冷水机组配以冷却塔的冷源方案，末端采用风盘加新风的系统形式，这一套空调系统正符合主楼的空调需求。在后期考虑到使用方的实际需求，我们对系统略微做了调整。 深圳北理莫斯科大学的教师大多来自俄罗斯，由于俄罗斯地处偏北方，冬季气候寒冷，一般办公室都有采暖设施，而深圳夏热冬暖，按规范无须设置采暖系统，但在冬季，室内还是会有"湿冷"的感觉，来自北方较为干燥地区的教师对冬季很不适应，觉得室内环境不够舒适，所以后期校方作为使用方提出办公室要增加冬季采暖的需求。项目过程中召开过几次会议，讨论如何使主楼实现采暖这一功能，一开始考虑冬季建筑热负荷不是很大，增加 3 台 410 kW 的风冷热泵机组，将机组设置于 7 层 4 个角塔内，但经造价计算，风冷热泵系统的改造造价过高，超出预算，最后经研究，采用布置灵活、控制方便的多联机系统。但采用多联机系统也需要充足的建筑条件，幸好本项目前期考虑充分，预留了足够的室外平台，可以利用这些预留的条件来布置多联机系统。考虑到老师的办公室基本位于 15 层以上，所以就将 15 层以上的老师办公室与主楼系统整体划分开，将空调系统改为多联机的形式，这样既可以保证夏季供冷，又可以保证冬季供暖，完全能够满足使用者的需求。主楼的空调系统设计说明，针对大学校园的空调系统设计，除了要满足技术要求外，还需要关注到使用者的需求，真正做到以人为本。

图书馆是集文献的收集、整理、典藏和服务于一体的建筑，是为在校师生提供学习资料的场所，在大学中也是一个比较重要的部分。深圳北理莫斯科大学的图书馆在地下 1 层还设置了一个密集书库。书库是储存书籍或文献资料的场所，对室内的温湿度要求较高，既要利于文献资料的长久保存，同时要不利于霉菌、害虫等的生长和繁殖。

为了满足密集书库的特殊要求，采用常规的舒适性空调系统配置形式必然行不通。这种对室内

1

温湿度有精度要求的房间，其空调系统必然要满足其工艺性的需求，同时空调系统必须全天24 h 运行，以确保密集书库的室内环境一直处于合理范围内。

为达到这样的效果，必须确保密集书库空调运行的可靠性，不能因为冷源的突发故障而导致空调系统停止运行。于是我们又为密集书库设计了一套冷源系统，主要由 2 台 130 kW 的模块式风冷冷水机组和与其对应的水泵组成，设备放置于 1 层绿化区域。位于地下 1 层的图书馆集中冷站平时作为主要供冷系统，模块式风冷冷水机组为密集书库的备用供冷系统，这样密集书库的空调系统就有了双保险，可以确保书库室内环境一直处于一个正常的状态，不会因为一个系统的故障而使空调停止运行。

在大学校园空调系统设计中，无论是哪一类高校，都会存在一些有特殊功能的房间，对这类房间，只有充分考虑使用需求，才能满足系统的技术要求。

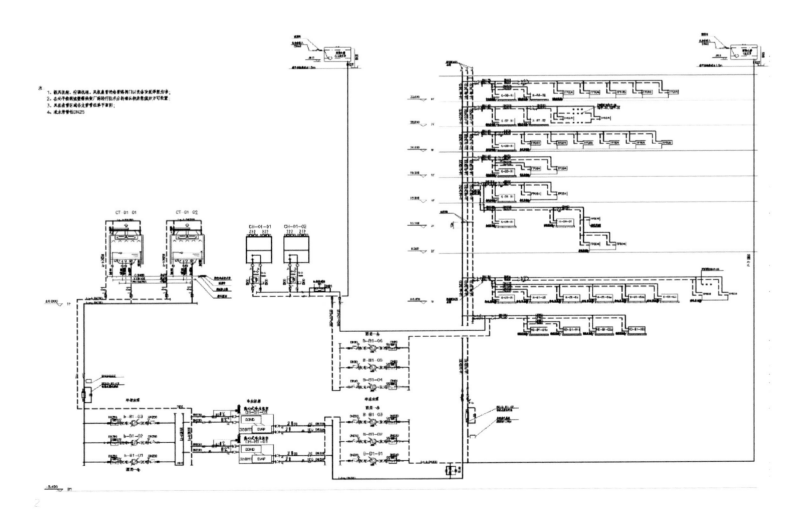

1

会堂是举行文化活动、学术会议的专用建筑。深圳北理莫斯科大学的会堂面积约 4 555 m²，规模为 1 014 座，观众厅及舞台 1 层通高，局部 3 层通高。

对于会堂来说，局部 3 层通高的观众厅的空调末端形式是设计的重点，需要保证观众区域具有合理且良好的气流组织。观众厅属于高大空间，高大空间常用的气流组织形式有上送下回、侧送下回以及下送上回。采用上送下回的形式需要在建筑上部设置风管及风口，这样做极大地影响了建筑美观，并且与校方想要达到的建筑效果不协调，因此无法实现。侧送下回的形式需要在观众厅两侧的墙面上设置球形喷口，对观众区进行送风，与上送下回形式类似，在观众区两侧的墙上设置风口也会破坏建筑的美观，并且需要严格控制送风的速度，风速过高会使观众有较为明显的吹风感，如果风口布置不合理还会造成部分观众冷感较为严重，所以需要对侧送下回的形式进行严格把控。

经研究，观众区的空调末端最后采用了座椅送风的方案。座椅送风在影剧院、会堂及体育馆等具有高大空间的建筑内应用广泛，它可以给观众区域提供良好的空调效果和合理的气流组织，并且具有一定的节能效果，最重要的一点是，与其他传统空调末端形式不同，它采用的送风口形式是观众区座椅下方的送风柱送风，没有明装的风管及风口，可以保证校方想要的室内美观，从而完美配合建筑方案。同时，除了上述所说的节能效果外，合理的气流组织还会给使用者带来舒适的室内热环境。确定送风方案后，剩下的问题就是空调送风管与送风柱的连接问题。由

1   会堂西立面
2   会堂座椅送风平面图
3   会堂座椅送风剖面图

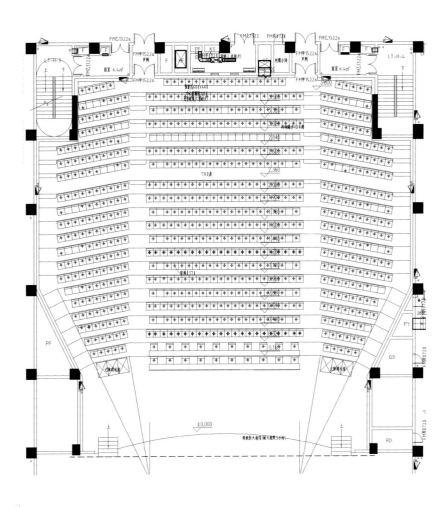

2

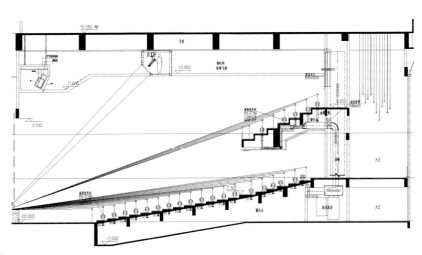

3

1

于送风柱的数量众多，送风主管与送风柱不便于直接连接，本项目借用了空调工程中静压箱的概念，在送风主管与座椅送风柱之间设置了一个土建静压箱，送风主管与各个座椅送风柱之间用土建静压箱连接。座椅下送风系统使处理过的空气进入活动区域，处理房间内的负荷，满足室内空调需求。除此之外，为了保证观众厅内的环境质量，本项目还在高处设置了机械排风系统，其可与座椅下送风系统形成置换通风，带走室内的污浊空气，保证室内空气清洁。

在会堂的空调系统设计中，考虑到使用者对美感的需求，空调系统的设计在合理的范围内结合了建筑的形式，同时，在保证系统满足技术要求及节能性的前提下，也考虑到为使用者提供一个健康舒适的室内环境。

深圳北理莫斯科大学 1# 教学楼的多层中庭在初期方案设计时，采用的是封闭的中庭形式，周围用幕墙封闭起来，形成了一个封闭的高大空间，在深圳这样一个夏季炎热的地区，这种封闭的中庭必然需要设置大量空调设备，而且空调的冷负荷较大，相应地，系统能耗也很高，最初1# 教学楼的大堂采用的空调形式与整个教学楼主体一致，都是多联机系统。但在后期的设计过程中，经过建筑专业的优化，这一部分较高的能耗被完全取消了。

建筑师考虑到深圳夏热冬暖，即使在冬季也不会出现气温非常低的情况，室外气温一般都处于一个较为舒适的范围，最后通过商讨，取消了中庭周围的幕墙，将其改为一个开敞的空间；由于其与室外直接接触，不需要再设置空调系统，于是取消了这一部分的空调设备。经过大致的计算，将封闭中庭改为与室外连通的开敞空间后省掉了大约 118 kW 的空调冷负荷，等同于节省了大约 32 kW 的用电量，降低了空调能耗。此外，将封闭中庭改为开敞空间加强了楼内的自然通风，保证了室内空气质量。这一方案优化为建筑本身节省了能源，为使用者减少了后期的运行费用，更重要的是，为使用者提供了一个健康舒适的环境。1# 教学楼的这一方案优化，除了考虑到设计本身以及使用者的使用感受外，还考虑到使用者后期运行成本的问题，结合本项目的气候条件，为使用者节省了相当可观的建筑运行成本。再者，开敞中庭顶部可以自然排烟，省却了机械排烟设备，降低了建造成本，提升了中庭的高度，一举多得。

1   会堂座椅送风柱施工现场

2   1# 教学楼围合庭院

3   1# 教学楼教室空调设施布置

1

本项目的主楼、图书馆、会堂及体育馆均存在一些类似于大堂、阅览区、观众区、篮球场、游泳馆的面积较大的场所，在这些场所我们所采用的空调末端系统均为全空气的形式，这种形式需要将室外的清洁新风与室内的回风混合后再送入室内，在正常的条件下，这种形式较为合理并且节能。由于这些面积较大的场所往往是人员密集场所，为了保证室内良好的通风换气，保证室内空气质量，给使用者营造一个健康的室内环境，上述的这些场所的全空气系统均采用了新风比可调的形式，系统都能够在全新风的状态下运行，通过与室内排风相结合，将污浊的室内空气通过置换通风的形式排至室外，而室外的清洁空气源源不断地被送入室内，保证室内良好的通风换气，减少疾病通过空调系统的传播。在非疫情期间和过渡季节，这种空调系统还可以全部采用室外温度较低的新风进行供冷，制冷设备可以不运行，从而降低了空调系统的能耗，节省了运行成本，这是一种绿色节能、健康的系统。本项目处于设计阶段时，还未有类似于新冠肺炎疫情爆发的情况，但考虑到全空气系统覆盖区域人员密集，易发生疾病传播等情况，从项目实际出发，本项目还是考虑了全新风运行的可能性，系统既能达到节能要求，同时也能满足健康校园的需求。这些前瞻性设计将使使用者后期受益。

2

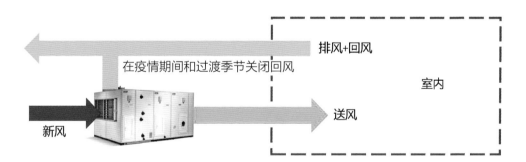

排风+回风

在疫情期间和过渡季节关闭回风

室内

送风

新风

3

深圳北理莫斯科大学项目的体量较为庞大，各单体建筑特点不一，需求不一，在设计过程中，除了满足建筑的功能需求外，也充分考虑了使用者的不同需求，尽量做到"以人为本""因人而异"，将常规功能需求与个体使用者的需求相结合，使整个项目的空调系统最大化节能，同时营造出一个舒适、健康的校园环境。

（文 / 方金）

中国古典园林建筑小品的应用
Применение китайских классических садовых архитектурных миниатюр

深北莫由深圳市人民政府、北京理工大学和莫斯科国立罗蒙诺索夫大学合作设立，校园位于深圳市龙岗区大运新城西南部，占地面积约为 33.37 万 m^2，建筑面积约为 30.02 万 m^2。

整体建筑风格为俄罗斯传统风格与中国古典园林相融合，主楼建筑形态表现为俄罗斯传统风格与现代设计手法相结合，校园设计采用中国古典园林设计手法，追求自然境界，注重顺"势"造园，与周边自然环境结合，顺应地形、环境景观之"势"形成基本规则布局。通过研究中国古典园林案例，结合本工程的实际情况，设计师确定本工程设计方案，在有限的空间里，巧妙布局亭台楼榭、游廊小径，搭配车行桥、人行桥连通内外，使空间相互渗透。湖波荡起了涟漪，倒映出周边的景物，虚实交错，把观赏者从可触摸的真实世界带入无限的梦幻空间。事实证明亭子、水榭等传统建筑小品在中国古典园林设计中起到举足轻重的作用。

概述工程中使用的建筑小品

精工巧匠造诗意，一园湖水洗浮华。设计使用亭、榭、廊、石桥，将水的灵韵融入建筑中，将建筑融入自然万物中，让人们享受与自然和谐共处的惬意生活，体会一草一木的弥足珍贵。亭子、水榭作为园林建筑小品，主要是为了满足人们在旅游活动之中的休憩、停歇、纳凉、避雨、极目眺望之需，再增加石板、石桥连通各处景致，使园林因石而愈加生动，湖水因石而愈显多彩，利用石桥与满园的景色，共同勾勒出旖旎盛景。"飞飞其檐，角角其楹"，冲出的翼角，下垂的瓦当，错落的石板，曲折的连廊……当人们在园林中漫步时，真是一步一林，移步易景。

《释名》曰："亭者，停也，人所停集也。"园中之亭，亭之艺术，不靠华丽取胜，不靠怪诞引人，而是靠朴实、文秀，靠刻意追求古典建筑形式之最高境界，以比例、尺度、韵致及色调等取胜，这正是建筑艺术之根本。园中设亭，关键在位置，亭是园中"点睛"之物，所以多设在视线交接处。

《园冶》云："榭者，藉也。藉景而成者也。或水边，或花畔，制亦随态。"意为：榭是一种借助于周围景色成景的建筑，根据自然环境的不同有多种形式。古人把隐于花间的建筑也称为"榭"，后来则以水榭居多。

《营造法原》中："廊谓联络建筑物，而以分割屋宇，通行之道，列柱覆顶，随形而弯，依势而曲。"

廊的设计主旨是因境成景，即随地形之高下，因借建筑山水之环境布局。

石拱桥为桥梁的基本体系之一，建筑历史悠久，外形优美，古今中外名桥遍布各地，在桥梁建筑史上占有重要地位。跨水架桥，取意境之美，雕琢装饰，呈千姿百态，这也是体现我国审美观的一种民族传统。建筑不论大小，工艺必须精湛，如同一幅图画，不许有一处败笔。

1   园林小品框景下的校园建筑

1

园林中亭子、水榭、石桥、廊的分类

亭，"造式无定，自三角、四角、五角、梅花、六角、横圭、八角到十字，随意合宜则制，惟地图可略式也。"而根据其顶部的样式，常见的有攒尖式（有三角、四角、六角、八角、圆形等）、歇山顶（有卷棚式、歇山式等）、十字顶等。另外，根据其屋顶的层数，又有单层、双层、多层等。

六角亭、八角亭，其平面形式也是六角或者八角，屋顶由六或八角汇聚于一点形成宝顶，此种做法在古典园林中较为常见。

圆亭，一般指平面为圆形的亭子，它的屋顶样式也多为圆形攒尖顶，上下呼应。圆亭的造型秀丽而精巧，玲珑多姿，但因亭顶和檩、额枋、挂落等是圆形，且工程中将圆亭设计为重檐形式，所以更为复杂。

方胜亭（套方亭），是两个正方亭沿对角线方向组合在一起形成的组合亭。一般组合方式是在正方亭相邻两边上取中点，以连接这两点的斜线作为套方亭的公用边，这个公用边在屋面上要做成天沟形式以利于排水，从而构成丰富优美的组合屋面。

水榭，为取得与水面的协调，建筑尺度一般不大，以水平线条为主。建筑物一半或全部跨入水中，下部以石梁柱结构支承，或用湖石砌筑，总是让水深入底部。临水一侧开放，或设栏杆，或设鹅颈靠椅。屋顶多为歇山顶式、十字歇山顶式，四角起翘，轻盈纤细。建筑装饰比较精致、素洁。

石拱桥，用料省，结构巧，强度高，因其造型美观，常用于城市、风景区。长廊，有直廊和曲廊之分。直廊走势比较平直。因为园林中的廊大多形体比较曲折，以制造多变的游园景观，因此直廊相对少见，而且多数比较短小。曲廊的形体曲折多变，它是园林中最为常见也最富变化的一种廊子。曲廊在园林中自由穿梭，将园林分成大小或形状不同的区域，丰富了园林景致。

校园设计中亭子、水榭、石拱桥、廊的选用

亭既有遮荫蔽雨、供人休息、交通联系的功能，又起组织景观、分隔空间、增加风景层次的作用。亭作为景和点景的建筑，被引入园林名胜和山水之中，成为园林中不可或缺的建筑。亭撑起一方休憩空间，

1

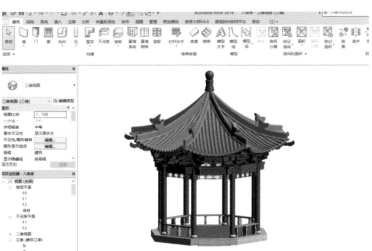

将外部大乾坤之景象，统统纳入一方天地之中，因此有诗云："江山无限景，都取一亭中。"
在中国传统文化中六代表和谐、吉利，八代表诸事顺心，设计中选用六角亭、八角亭寓意中
俄在全球性问题上保持密切沟通和协调，共同推动构建新型国际关系和人类命运共同体，推
动国际秩序向更加公正合理的方向发展。

深圳北理莫斯科大学是中俄两国国家元首共同见证签署的中俄文化交流战略合作项目，政治意
义重大。设计项目友谊亭，由两个四角亭交错形成，两个亭子相互偎依、相辅相成，象征中俄
两国人民心相连、常相伴。

1

2

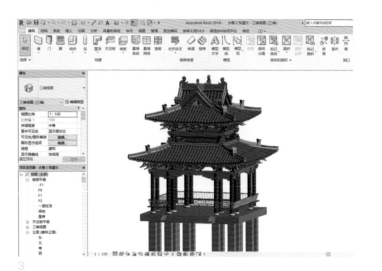

3

4

园林建筑小品在造型艺术方面应满足以下要求：不仅本身比例良好、造型美观，而且在体量、风格、装修等方面都能与它所在的园林空间的整体环境相协调和统一。设计选用水榭，在处理上恰当、自然，与所在水面大小、空间环境相适宜，与水榭隔湖相望的是俄罗斯传统风格建筑群，彼此风格不同，但又相互融合，不显突兀，寓意中西文化在碰撞中取长补短，相互交融。

我国的石拱桥技艺在历史上有过辉煌成就，对现在的桥梁建筑也有很高的借鉴价值。在古典园林中常常利用石料制作跨度不大的石拱桥，其外形美观，养护简便，可以就地取材，在园林中常用作行人跨越湖泊的桥梁。但石拱桥为实体重型结构，承载及跨越能力有限，因此在本工程中车行桥设计为外包石材。石拱桥连接校园内两组不同风格的建筑群，代表中俄两国守望相助，深度融通，开拓创新，普惠共赢。

建筑小品设计中的技术创新

台风是发生于热带洋面上的一种热带气旋。热带气旋是生成于热带或副热带洋面上，具有有组织的对流和确定的气旋性环流的非锋面性涡旋的统称，包括热带低压、热带风暴、强热带风暴、台风、强台风和超强台风。本工程位于台风多发地带，传统建筑中的亭子和水榭一般通过柱顶石下部与基础连接，上部设卯眼与柱子连接，整体呈受压状态。台风发生时，由于亭子、水榭整体呈"伞"状，且下部拉力不足，容易倾覆。故在设计之初，经过多方案讨论论证，在不影响亭子和水榭的安全性、耐久性和适用性的前提下，对亭子、水榭进行整体内加固，使亭子、水榭的基础、上身、屋顶形成有机整体。具体做法如下。

（1）采取筏板基础，增加基础埋深，柱子下礅墩施工至柱顶石下侧并安装预埋件，上部焊接长度为柱长 1/3 的丝杆（丝杆大小通过计算获取），柱顶石做透榫，在柱子芯部钻孔，孔与丝杆粗细一致。安装时在柱顶石下部和柱子下部分别弹十字控制线，用杖杆控制柱子高度，使每根柱子上部平齐，下部轴线重合。

（2）对友谊亭、六角亭、八角亭、圆亭采取防台风措施，木柱下做套顶榫穿过柱顶石后继续深入混凝土基础柱中，套顶榫 $\Phi150\,mm$，其长不小于 3 倍柱径，用 $\Phi12\,mm$ 的栓钉将木柱与混凝土柱连接起来，栓钉分三个面布置，竖向间距 200 mm 交错布置，然后再浇筑混凝土。

（3）水榭在木柱柱顶石之上不小于 300 mm 处，开孔放置 $\Phi30\,mm$ 圆钢棒，圆钢棒居中开孔（$\Phi10\,mm$），与由基础伸出的 $\Phi10\,mm$ 的钢筋进行机械连接，钢筋端部开丝，下部伸入

5　　　　　　　　　　　　　　　　　　6

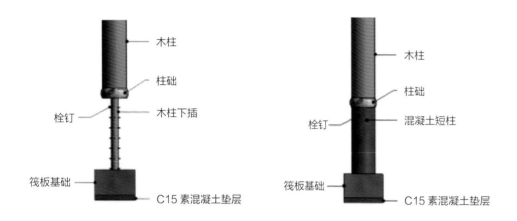

1

基础内的深度不小于 35 倍圆钢棒直径，其下部端头做 90° 弯钩，弯钩尺寸为 5 倍钢筋直径。在木柱上开孔放置圆钢棒，全部安装完成后应看不到孔洞。

BIM 技术在建筑小品设计中的应用

在设计之初，设计团队应用 BIM 技术，建立校园地形及已有建筑体量，根据已设计实际情况及设计理念，确定各建筑小品的位置、体量、风格等，使建筑小品与所在的园林空间的整体环境相协调和统一。

应用 Revit 软件对体量进行深化和优化，建立本项目各构件族库，形成参数化模型，使施工图纸与模型构件一一对应，形成各建筑小品信息库。该信息库不仅包含描述建筑物构件的几何信息、专业属性及状态信息，还包含了非构件对象（如空间、运动行为）的状态信息。借助这个包含建筑工程信息的三维模型，大大提高了建筑工程的信息集成化程度，为项目参建各方实现信息交换和共享提供平台，可通过在 BIM 中插入、提取、更新和修改信息支持协同作业；BIM 应用还可实现可视化交底，将数据共享给各参建单位，以使各方均正确理解设计理念，领会设计意图。

结束语

将中国传统文化和营造技艺在深圳北理莫斯科大学项目中进行传承与发展，将中俄建筑文化和理念完美融合，实现艺术与美的统一，巩固中俄两国友谊，加强全面协作，惠及两国大学生团体，

推动中俄协作伙伴关系再攀高峰。深圳北理莫斯科大学项目的投入运营象征着中俄两国在积极
发挥大国作用，承担大国责任，树立了以合作共赢为核心的新型国际关系典范，为维护世界和
平做出了重大贡献。

（文 / 李卫俊）

2

3

运行与维护
Эксплуатация и техническое обслуживание

深北莫项目建设运维座谈会纪要
Протокол симпозиума по эксплуатации и техническому обслуживанию строительства проекта университета МГУ-ППИ в Шэньчжэне

2019年9月，在深圳市龙岗区，中俄两国政府战略合作的第一所大学——深圳北理莫斯科大学（以下简称"深北莫"）正式投入使用。无论从国家文化还是从建筑形象上看，该项目都受到建筑界、教育界乃至社会公众的高度关注。为全面记录这一代表中俄两国建筑文化特色的历史性项目的落成运营，《建筑评论》编辑部作为承编单位，携手该项目主要设计方香港华艺设计顾问（深圳）有限公司（以下简称"华艺设计"）等单位，计划编撰出版《深圳北理莫斯科大学》（暂定名）一书。2019—2020年，《建筑评论》编辑部团队曾多次赴深圳，除开展建筑摄影外，还与华艺设计团队及深圳北理莫斯科大学校方就图书编撰进行深入探讨。9月8日，《建筑评论》编辑部赴北京理工大学，采访了北京理工大学副校长、深圳北理莫斯科大学校长李和章先生。在采访中，李校长表示深北莫在中俄两国元首的推动下成立，在合作办学三方的全力投入和充足保障下，实现了大学设立、校园建设、人才培养等方面的快速发展。它的成功开办承载着重大的国家立意。9月9日，《建筑评论》编辑部和华艺设计相关人员与深圳北理莫斯科大学党委书记、副校长朱迪俭先生带领的师生代表们深入座谈，与会的教师及运维部门代表分别结合自身体验，就深北莫的设计、建设、使用、运营、维护等方面议题发表观点，从使用者亲身感受的角度探讨该项目的建成环境给师生们的学校生活带来的新体验和启发。

1   座谈会现场

陈竹（香港华艺设计顾问（深圳）有限公司执行总建筑师）：

华艺设计同《建筑评论》编辑部的合作，得益于深圳北理莫斯科大学项目在中俄两国邦交史上的特殊高度。深北莫是在中国设立的唯一一所中俄两国合办的高等院校，其在建筑创作实践中是极具特殊性和挑战性的。作为设计方，我们关注这个项目建成后的效果，它是否能够实现当时的设计意图：既体现中俄两国文化教育合作创新的精神，又体现深圳这个城市现代和包容的精神。在今天的座谈会上，希望通过与各位老师的深入交流，进一步了解学校投入使用后的情况以及对整个校园建设的新要求，这是我们目前正在开展的深北莫校园使用后评价研究的重要组成部分。此

发言嘉宾   陈竹

1

外，我们非常感谢《建筑评论》编辑部。正是在编辑们的帮助下，我们才能够将深北莫的设计和建设过程梳理编写成书，让业界乃至社会了解这座意义非凡的高校。同时，深圳市建筑工务署对图书出版给予了充分的肯定与支持。希望《深圳北理莫斯科大学》一书能够为建筑设计的同行提供一定的参考，大家可以共同探讨并深入对跨地域、时代和民族的建筑创作的思考。

金磊（中国建筑学会建筑评论学术委员会副理事长、《建筑评论》总编辑）：

《建筑评论》编辑部的主创团队来自北京市建筑设计研究院，这是与新中国同龄的第一家设计

发言嘉宾　金磊

院，成立于 1949 年。目前编辑部的工作是在中国建筑学会和中国文物学会的指导下，作为"智库"形式的研究与传播机构推进建筑评论工作。2018 年，我们发现了深北莫项目，深感该项目在建筑评论方面的特殊意义和价值，于是萌发了帮助深北莫项目做好总结、出版图书的想法，以此作为向深圳改革开放 40 年致敬的建筑文化礼物。前期我们的建筑摄影团队已经开展多次拍摄工作，编辑团队与华艺设计相关人员一同从建筑学、规划学角度编写了关于深北莫的建筑及规划特点的内容。今天希望朱书记带领的教师团队，从教育工作者的角度、从使用者的感受出发，对深北莫大学进行定位及评价。也就是说，书中不但要介绍学校建筑的特点，还要囊括"使用后评估"的客观评介，这是召开此次座谈会的目的。

朱迪俭（深圳北理莫斯科大学党委书记、副校长）：

发言嘉宾　朱迪俭

对于深北莫的使用感受和评价，最有发言权的当属工作在一线的教职员工和同学们。我本人正式到深北莫任职的时间并不长，而在座的各位老师基本参与了学校建设的全过程，看着它从一张张图纸变成现实，从一个繁忙的工地变成一座熟悉的校园，他们的体验更深刻，感悟必然更多。《深圳北理莫斯科大学》一书的出版，我认为确实是一件非常有意义的事情。之前我们曾拜访深圳工务署的领导，他们也提出了要总结深北莫校园规划和建筑创作的想法，我十分赞同。尽管我并不是学建筑出身，但多年来在教育领域工作，对校园建筑还是有一些心得的。

1

来到深北莫后，为了尽快熟悉校园情况，我经常徒步在学校内考察，久而久之用脚步丈量出了学校的大致面积，在这个过程中我慢慢将自己融入校园环境中，可以说我从来没有对任何一座校园如此满意过。我也同学校相关部门讲过，要多拍摄照片，记录校园的四季更迭、日出日落，要知道从各个角度拍出的照片都能成为"风景明信片"。

我很认同"建筑是一种活着的文化"的理念，建筑所承载的是我们对以往的追溯，它们活在当下的同时能够印证历史，帮助我们找到过去的烙印；对同一座建筑，每个人有不同的认知和观感。我时常在思考，如何充分利用校园里的特殊建筑，打造属于深北莫的"亮点空间"。如校园内有四个玻璃房，我们正在思考如何以适当的使用方式发挥它们的最大价值。恰好北京理工大学有一些攻读 EMBA 的学生找到校方，提出能不能给他们一个小场地，用于定期组织聚会交流，我想就将一个玻璃房免费提供给他们，让他们自己去设计、装修，力求变成校园一景。大学校园一定要有休闲的留白之处，因为这里不是工业企业，而是生产文化、培育人才的场所。此外，我也在思考，后工业文明时代，在深圳这种高度聚集的城市里，寸土寸金，我们的建筑物怎么在这种背景下立足并持续发展，如何在不浪费一分一毫的前提下形成建筑精品，打造独立的"文化符号"，这对于设计方、建设方、使用方而言都是需持续面对的命题和挑战。

朱强（深圳北理莫斯科大学图书馆馆长）：

我是在 2018 年 9 月来到深北莫的。深北莫图书馆项目的设计、建设完全不逊色于深圳大学城图书馆。我并未参与深北莫图书馆前期规划等工作，但深北莫图书馆从规划到建筑设计，整体给人的感觉很好；从建筑外形到内部空间，对各项功能的考虑比较细致。图书馆位于校园的中心部位，出于校园整体规划的全盘考虑，尺度上稍微紧缩了一点，但这完全不影响它在校园中的标志性地位。其建筑设计风格与校园整体相融合，既借鉴了俄罗斯建筑的式样又不拘泥于此，在设计细节中也体现了东方的美感。在内部的功能划分上，从实际需求出发，我们稍微做了一点调整，尤其是 9 层穹顶空间的设置，为今后的使用提供了很大的发挥余地，可以作为多功能厅充分利用，如用于学术交流、小型的室内聚餐等。

其实大学中各种各样的交流活动是非常多的，我因为主要的职业生涯都在北京大学度过，对于这一点感触更深。北京大学每天都有各种各样的会议、接待，图书馆在其中承担了很多功能。随着深北莫各项工作的开展，交流活动会越来越多，由此我想到深北莫所在的地区集合了很多高校，周边也应建设配套的服务设施，如酒店等，用于接待前来参加学术交流、会议会展的团体，以及前来参观访问、洽谈合作的团体，这对于一所高品质大学来讲是重要的设施补充。此外，校园内现有的建筑功能都只是为了教学、科研服务，而一所大学肩负着多元的功能，如社会服务，还有文化传承与创新等。作为发展建言，博物馆目前还是缺失的，而学生活动中心的规模又不算大，现在应为今后按既定数量招生做好准备，此外供学生、老师休闲的"留白"空间也略显不足，当然也可能是确定用地标准时的限制。深北莫虽然是一所以工科为主的大学，但本质上是综合性高等学府，在强调工科思维的同时，也要加入文化弹性的内容，当然这些

发言嘉宾　朱强

内容与设计无关，只是从深北莫发展的角度要考虑的事情，是我的良好愿望。

宋云岚（香港华艺设计顾问（深圳）有限公司副总建筑师）：

我自小是在哈尔滨工业大学（以下简称"哈工大"）的校园里长大的，因此对于校园环境的
感受更深刻。作为深北莫的设计师，我在设计过程中融入了自己对于校园规划、教育建筑设
计的感悟。哈尔滨工业大学初期是东北铁路专科学校，只有一栋综合楼，直到 20 世纪 50 年
代才拥有专属的土木工程教学楼，60 年代建成了哈工大校区，现在有哈尔滨、威海、深圳 3
个校区。由此我想到深北莫也必然会经历"生长"的过程。从 2014 年两国元首就联合办学
达成共识开始，深北莫决定以理工科作为发端，然后逐渐丰富科系搭建，由此必然带来校区
逐渐丰富、完善的过程，因此学校建设大都会分为若干期进行。所以，针对校方提出的校园
规模再扩大的要求，我认为确有必要向市政府提出扩建的建议。在学校设计过程中，我们尽
可能从校方使用需求出发，逐步完善和优化设计。

如会堂的礼台，在方案设计阶段会堂只是作为会堂，没有礼台、舞台机械、吊幕这些设施。
当时有学校老师反映，希望会堂能有观演的功能，于是我们在设计中加上去了，现在看来这
种设计增量是很有必要的。

发言嘉宾　宋云岚

陈竹：

今天非常高兴能听到大家提出这些使用意见和要求，我们一定全力配合实现。对近期能够优
化的尽快优化，如室内空间的细节改进等；暂时不能改进的，如学校规模的扩展问题，这取
决于深圳规划条件是否许可，或者下一步开展扩建可行性研究时再来商榷。华艺设计愿从设
计角度配合跟踪，协助校方开展相关工作。

杨刚（深圳北理莫斯科大学学术事务部第一副部长）：

对校园建筑群的整体设计风格和质感，我是非常欣赏的，尤其是主楼和主楼旁的小会堂，外
观设计非常有标志性，校园功能划分也很明确，就现阶段而言基本可以满足学校师生的教学、
生活、交流等需求，就我所知学生们的反映也是以良好为主的。因为前期规划审批和工期的
问题，有些地方还有改进的空间。如主楼的外观设计是深得人心的，但内部装修有的细部就
值得商榷，如主楼内部的墙体都刷白漆，略显乏味，如果有重要客人来访，他们很难感受到
深北莫本身庄严高贵的魅力。此外，针对深北莫特殊的教学方式，在教室设置上还需要细致
考虑，因我们是小班教学，即便本科生的教室也需要百余个，这还不算研究生的学习需求，目
前 3 个楼加在一起教室也只能勉强够用，对容纳三四十人的教室的需求量是最大的。此外，
与教学息息相关的实验室、机房等也有改进的空间。因为地块的限制，后面广场的 1# 教学楼
和 3# 教学楼挨得很紧，如果把整个主楼两翼让出来，学校广场就会非常开阔。

1

谢欢欣（深圳北理莫斯科大学学生工作部负责人）：

我是在 2019 年 7 月来到深北莫的，因为工作的原因和同学们的校园生活联系得更紧密些，陆续也收到学生们反馈的第一手信息，这些信息也有一定的借鉴意义。首先，同学们普遍认为住宿条件确实非常好，家长们也都很满意，而且宿舍楼每层都有公共开放区域，作为同学们休闲之余的阅读场所，这个设计初衷是非常好的。但是在阅览室的实际管理中，我们遇到了一些实际的困难，如阅览室目前分散在每一层，因为宿舍管理人员有限，很难做到实时监控。此外，为了满足同学们的日常洗衣等清洁需求，宿舍楼共留有 200 余个洗衣机的机位，核算

发言嘉宾　谢欢欣

下来每 6 个学生就有一台洗衣机，这当然极大地方便了学生们的日常生活，但考虑到洗衣机房的使用频率毕竟有限，如果能将部分洗衣机房改为交流研讨和学生社团共享共创的公共空间，可能使用频率会更高。关于学校体育活动的场地，深北莫远期规划招生 5 000 人，目前学校的体育规划用地和设施相比于高水平一流大学还有些欠缺，当然这应该是初期规划空间审批时的问题，充分利用地下空间打造体育场所，也许是一种有效的方式。学校是人才培养和科学研究的阵地，深北莫作为一所国际化校园，应该具有合作文化，具有科学文化的空间。我想学校应当有更多的弱功能性的空间，供学生自由发挥，没有那么多限制，要打造一个完全属于同学、老师的共享共创平台，在这方面还有很多工作可加强。中外学生之间的交流、融合主要有几个阵地，如在食堂 2 层有公共开放空间，设备不错，小礼堂也有部分空间。但如果要举行一个规模稍大的晚会或者舞会，好像就没有那么大的平坦的空间，这确实要依靠未来的扩展来实现。

冀四梅（深圳北理莫斯科大学国际学生事务部负责人）：

从外方学生和中方学生的反馈看，对校园设施配备，从住宿功能、学习功能、活动功能方面来讲，双方的一致性会高一些，但也有一些差异化的现象。对于外方学生来讲，他们的饮食冲动可能会高一些，而且从大学的传统习惯来讲，东欧那些国家的学生喜欢自己做饭，这就涉及两个设施配套的要点：一个是厨房，一个是冰箱。对于冰箱的需求，我们国内大学是不太重视的，但对于外方学生而言，这个需求就特别强烈。从建筑设计的用电容量来说，也需要与这样的需求相匹配。此外，文化差异也很典型，如长江以南没有主动的温控，尤其是深圳，气温下降的时间很短，可能也就两三个星期，温度会到 10 ℃左右，在房间内体感温度还是比较低的，但外方学生不习惯在屋子里多穿衣服，这样就只能启动空调，他们希望空调能够把室温上升到 23 ℃，回宿舍直接穿小背心。像中国人都认为冷就多穿点衣服，可他们说回家怎么能多穿衣服呢，这就是文化冲突。此外，国际学生反映比较明显的一点，就是设置在阳台上的浴室，因为阳台是相对的开放空间，是没有封闭设计的，尤其到了每年冬季，晚上去洗手间就很冷，使用起来确实有些不方便。

发言嘉宾　冀四梅

王昭（深圳北理莫斯科大学资产与实验室工作组负责人）：

我非常赞成朱书记和朱馆长的主张。对于一所高校而言，尤其是中外合作大学来说，一定要在文化交流的空间设计上留白。就深北莫校园而言，目前所有用地基本都已利用，亟待发展空间的拓展。整个学校的建筑，除主楼和宿舍楼外，教学楼、实验楼楼层都不算高，面积也不足。对于一个综合性的中外合作大学，只是一味地按规定定额是欠妥当的，按照我们前期规划，以理工为主，文史为辅，研究生所占比例又比较大，我大概核算了一下，可能需要 45 000 m² 建筑 面积的实验室，现在 2 栋实验楼才 30 000 多 m²。同时，深北莫的建筑风格是俄式的，从立面设计而言美观漂亮，但实际的使用面积系数偏低，使用面积除以建筑面积

发言嘉宾　王昭

以后比国内传统的教学楼还要低。目前 1# 实验楼是我们经过二次深化再设计后完成的。

陈竹：

确实，专业的实验室一般都会经过二次深化。我个人曾任高校老师，也深有体会。校园设计要为知识创新预留空间，预留弹性，预留自然生长的地方。从这个方面来说，学校建筑面积指标控制过严，可能对于学校功能空间灵活使用的内在需求而言，确实是一个束缚。

1　深北莫校园鸟瞰

1

崔健（深圳北理莫斯科大学办公室主任）：

我接触的来访人员比较多，大家对学校建筑、规划的总体反映都非常好，认为深北莫可以称得上深圳华南地区教育建筑的最大亮点。教育部高等教育司吴岩司长评价"这个校园是世界级的"，对它的整体评价非常高。我曾在政府的外办部门工作，那时深北莫刚立项，我就提出一条建议：深北莫校园一定要有莫斯科大学的俄罗斯风格，要成为地标性的建筑群，就好像莫斯科大学在俄罗斯的地位，现在基本做到了。从实际使用的角度来说，也有点小的缺憾，比如我们一般出国参观，在比较高的位置会有观礼台，莫斯科大学也不例外，观者可以登高眺望，一览全景。可深北莫目前还没有合适的观景平台，目前我们只能将图书馆9层作为临

发言嘉宾　崔健

1

时观景台，要是在更高的地方看全景，感觉肯定更震撼。主楼上的尖顶，原来是灰色的，后来计划改为金色，考虑到阳光下金光闪闪的效果，但目前是铜色的，效果似乎不够震撼。在夜景照明方面，目前夜景灯光打到"深北莫之星"的时候感觉亮度不够，晚上夜景效果没有达到最佳，还希望校方与设计方再提出好方案。

陈竹：

深北莫立面设计，尤其是主楼外立面设计的建成效果，是否达到了预期的目标，这也是我们华艺设计师比较关心的问题。在设计之初，设计团队就在思考到底更现代一点，还是更俄罗斯风格一些，最终在中俄风格的文化结合上找到了平衡点。考虑到这些俄罗斯老师和学生来到深圳，建筑应该具备一定的文化符号性，让他们感受到来自中国的友好和温暖。另一方面，传统俄罗斯风格的很多尺度是超越人性化的，并不符合中国教育的实际需求。因此，我们着重关注尺度把握得合适与否，包括柱廊、外立面的各处细节，在材料和预算控制条件下，尽量实现人性化的尺度，既有中国传统特色，又有深圳地域的现代特征。此外，还需要满足项目限额预算要求、政府建设方要求、校方使用要求等，力求达到最好的综合效果。为了得到师生们的客观反馈，我们特别制作了调查问卷，发放给师生们。因为在我们看来，使用方的意见是最重要的，是评判设计成败最重要的依据。

朱迪俭：

从深北莫主楼建成实际效果而言，从学校师生及社会各界反馈来看，深北莫主楼立面的设计还是得到一致认可的，尤其是俄式风格与中式风格的结合、细部的处理、尺度的把握、材料的应用等方面都很得当，体现了中俄两国合作办学的深厚情谊，它已经成为地区的"地标性建筑"。在客观条件制约下能有这样的建筑创作呈现，确实十分不易。

金磊：

据李和章校长反馈，来自俄方的第一副校长谢尔盖·沙赫赖认为深北莫的建筑形式令他深感自豪，最重要的是这种简洁的俄罗斯风格，更多地体现了它是现代主义建筑。如果完全没有俄罗斯的风格，中俄联合办学的概念就无法充分体现。

座谈会结束后，在朱迪俭书记的陪同下，华艺设计团队、《深圳北理莫斯科大学》图书编撰团队考察了深圳北理莫斯科大学校史展览厅，并在校园实地考察中就校区未来规划交换了意见。

1　深北莫主楼中厅阶梯

深北莫建筑使用后评估
Оценка после эксплуатации здания университета МГУ-ППИ в Шэньчжэне

深圳北理莫斯科大学作为国内第一所引进俄罗斯优质高等教育资源、具有独立法人资格的中俄合作大学，承载着中俄双方的精神文化寄托。设计的需求是中俄文化兼容并蓄地铺陈，设计的任务是将这段铺陈合理地融入中国南方地域语境，使之在通过高校建筑呈现出来的时候，合理、有序而具有生命力。为此，深圳北理莫斯科大学在规划与建筑设计上，秉承着绿色健康和以人为本的原则，充分考虑中俄合作办学模式下师生特殊的行为需求，主要采用被动式手段与低技术，来达到绿色设计的目的。同时，作为中俄文化表达的载体，深圳北理莫斯科大学在规划布局与建筑外立面设计上，试图诠释中俄历史文化内涵，实现异域风格与本土地域化特征的共生，展现具有高辨识度的高校校园风貌。校园于 2017 年 8 月 30 日主体完工，2017 年 9 月 13 日开学迎来第一批学生。截至 2020 年 10 月，深圳北理莫斯科大学已经投入使用约 37 个月。

为了更客观地评价设计目标的完成程度与效果，设计团队对深圳北理莫斯科大学的使用情况进行了使用后评估调研。使用后评估（Post-Occupancy Evaluation，POE）是指在建筑建造和使用一段时间后，对其进行系统的严格评价过程，这一研究理论自 20 世纪 80 年代由普莱策（W. Preiser）相对完整地提出 [1]。使用后评估是一种建筑评价体系，是科学地对主观与客观建成效果进行判断，并从量化的评估数据中归纳出共性的普遍结论，比单一评估主体给出的结论更加合理而有效。使用后评估的目的是判断由建筑师们所做出的设计决策是否真正地反映了使用者的需求 [2]。评估的目的源于对使用者的关注，自此建筑师不再沉浸在狭隘的自我审美中，而是"以人为本"，思考建筑的适用性、经济性、美学性与社会群体利益需求之间的关联导向。随着使用后评估的意义被逐渐重视，其理论研究体系与实践也日趋成熟完善，使用后评估的具体内容，由最初仅仅关注建筑空间对使用者生理与心理的影响，逐步扩展到对建筑环境的技术与能耗指标等方面进行客观评估。

深圳北理莫斯科大学使用后评估调查的核心问题

本次对深圳北理莫斯科大学进行使用后评估调查的时间为 2020 年 9 月至 10 月，以调查问卷的方式进行。根据使用后评估相关理论，评估向度主要分为两个方向：认知意向评估和空间使用满意度评估。通过与设计师、运营方和使用方的沟通，以及现场的观察评测，本研究首先明确了可作为评估设计目的和效果的以下几个主要问题：

（1）使用者对建筑所承载的中俄建筑意象的认知（认同）程度；

（2）使用者对教学楼或主楼（行政办公用楼）、图书馆、会堂等重要功能空间的使用满意度；

（3）使用者对中庭或边庭空间及其他特色室内空间的满意度。

针对以上核心问题，本次深圳北理莫斯科大学建筑使用后评估调查具体工作流程如下。

（1）计划阶段：搜集与项目相关的图纸、文字、照片等资料，通过与设计师、运营方和使用方的沟通，了解核心问题所在，以问题为先导，展开有针对性的使用后评估。

（2）数据收集阶段：以主观评价为主，针对核心问题收集使用后评价数据，主要方法有现场观测、使用者深度访谈、问卷调查等，调查的内容主要为核心问题设计目标的成功度。

（3）数据分析阶段：依据收集到的数据进行深度分析，从足量数据中挖掘关联性与规律性，回应核心问题，归纳评估结论，并给出改善建议或类似决策参考建议。

由于受新冠疫情影响，部分师生（尤其是俄方）推迟到校等因素，本次评估调查问卷通过网络发放的形式，共回收 86 份有效问卷，其中教职工答卷 37 份，在校学生答卷 49 份。

主楼建筑立面设计与建筑空间文化意象认知度评估

1. 问题描述

深圳北理莫斯科大学校园的规划布局，采用中心轴对称的构图，主楼居中且高耸，展现区域地标的姿态。前广场同样中轴对称，与主楼一起，营造庄严宏伟的氛围。主楼外立面采用经典的俄式三段式构图设计，两翼低中间高，同时植入南方区域轻透的玻璃幕墙元素。主楼塔尖采用五角星造型标志，对俄罗斯传统造型加以抽象简化，使之更符合当代高校校园语境。在建筑造型细节中，又融入了中俄文化经典元素，如太阳花、冰裂纹、云纹纹样等。

校园中的中俄及其他国家师生对设计目的的认知和认同程度，因其背景与经验不同，可能会有不同的结果。以主楼主塔塔尖的五角星造型为例，不同国籍的使用者可能会产生不同的联想。而中俄建筑造型细节的融合，在使用者眼中是否违和？是否会导致他们失去文化自信？在设计极力平衡异域与地域性的努力下，是否达到预期效果？类似问题需要通过问卷调查与访谈的方式，从大量个体案例中获取主流认知规律，从而对设计效果进行评估。

2. 使用后评估调查

调查结果显示：主楼建筑立面设计基本被评估主体认可，建筑空间文化意象传达有效且基本准确，符合设计初衷。

核心问题一：主楼建筑立面设计认同（知）度

（1）问题实例：校园主楼建筑立面设计。

（2）相关说明：校园建筑希望通过建筑立面设计传达特定的文化精神。

（3）应对的问题：如何将中俄文化依托建筑立面精准有效地表达出来，引导使用者按照设计初衷产生对文化意象的联想；如何平衡异域与地域文化的表达，塑造地标性的校园建筑物。

（4）问题的解决方案：在建筑设计前期，设计方通过与委托方和承建方反复沟通，确认项目建筑的整体基调与设计目标。此项目中，由于特殊的办学环境，项目自身即中俄文化融合的载体，校园立面设计需要兼具莫斯科国立罗蒙诺索夫大学悠久历史传承的厚重感与现代高校的轻透感，在表达的同时，保护各自文化认同的自信。校园整体布局采用中轴对称构图，稳重而庄严。结合功能与规划布局，选取中轴线上最重要的主楼建筑作为重点来着墨，同时结合主楼前的校园入口前广场，与广场东西两侧建筑群，对主楼形成衬托作用，加强前广场场所氛围的渲染，营造中俄融合的空间环境。在主楼建筑立面处理上，用典型的哥特式构图特征，突出主楼主塔的高耸挺拔，同时简化建筑细节，糅合进现代的

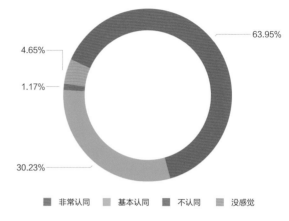

被调研者对主楼建筑外立面俄罗斯建筑风格认同度占比示意图

1　深北莫主楼南立面

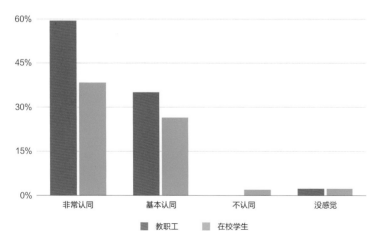

不同身份被调研者对主楼建筑外立面俄罗斯建筑风格认同度占比示意图

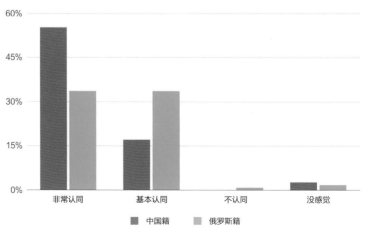

不同国籍被调研者对主楼建筑外立面俄罗斯建筑风格认同度占比示意图

几何构图，融入地域特征，形成"新俄式学院派风格"。

为打造具有高辨识度的深圳北理莫斯科大学校园风貌，在结合平面实际功能需求的基础上，经过多轮调研与讨论后，设计方对主楼主塔的塔尖采取俄罗斯建筑中经典的细长金色尖柱与柱顶的五角星建筑造型组合的设计手法，并对其进行提炼与简化，对尺度、色彩、材料、细节等进行重新处理，融合古典主义、浪漫主义与现代主义，剥离政治象征联想与年代感，将其融入校园整体建筑群与周边地域环境之中，使之成为可传达学校文化精神的区域地标。

（5）使用反馈：根据问卷统计数据，此外立面设计具有可辨识的俄罗斯建筑风格特点，并获得了较高的审美评价。从与被调研者的访谈与问卷结果分析中获悉：被调研者基本认同主楼建筑外立面具有明显的俄罗斯建筑风格特点，且此认知在不同国籍、身份的被调研者之中并无差异性，说明此项认知具有普遍性，即建筑意象的传达是成功的。

对于前广场整体形象呈现宏伟庄严特点的调查，87.21% 的被调研者表示认同，其余均为"无感觉"，且无反向反馈，因此空间布局所塑造的场所氛围也是成功的。超过 3/4 的被调研者认为主楼外立面设计的三段式对称格局是和谐的，余下多数个体对此"无感觉"；2.33% 的被调研者认为不和谐，主要原因是主楼塔尖过高而建筑自身相对来说较矮，缺少巍峨感。整体立面设计能符合大众审美标准，说明异域风格在本土地域植入过程中所运用的简化、提炼、变异等手法并未引起审美冲突，较好地实现了北方建筑文化在南方地域环境中的融合自洽。

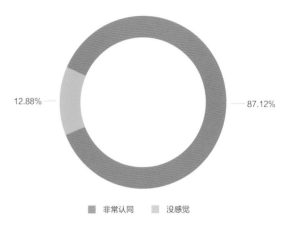

被调研者对前广场整体形象认同度占比示意图

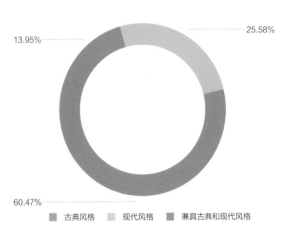

被调研者对前广场建筑群总体风格辨识度占比示意图

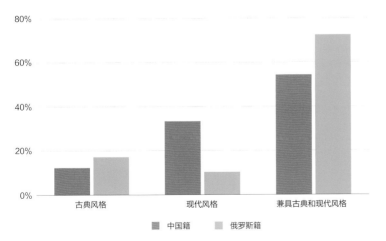

不同国籍被调研者对前广场建筑群总体风格辨识度占比示意图

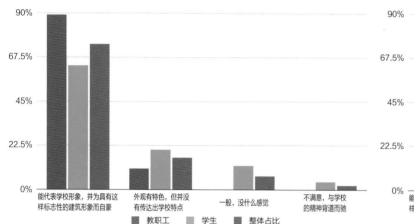

不同身份被调研者对主楼外立面与前广场设计对学校特色呈现程度认可度占比示意图

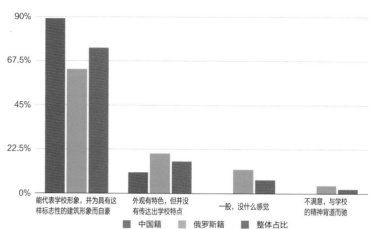

不同国籍被调研者对主楼外立面与前广场设计对学校特色呈现程度认可度占比示意图

整体上，大多数被调研者认为前广场建筑群兼具古典和现代风格，且能代表学校形象，并为具有这样标志性的建筑形象而自豪。少数个体对前广场建筑群总体风格认知产生偏差，认为偏向古典风格或现代风格。还有少数个体认为建筑外观虽然有特色，但并没有传达出学校特点，且此类个体对总体风格的认知倾向于"现代风格"与"兼具古典和现代风格"，主要为俄罗斯籍学生。此结果在正常数据偏差范围内，是由个体联想差异与身份背景差异引起的。因此整体设计成功塑造了古典与现代融合的高校环境，实现了异域文化与地域文化的平衡交融。

对于金色塔尖与五角星建筑造型的组合，大多数被调研者由五角星形象联想到俄罗斯经典五角星建筑造型，其人数大约是联想到中国经典五角星标志的被调研者的 2 倍，少数被调研者表示"没感觉"。被调研的所有俄罗斯籍学生都表示由主塔塔尖五角星造型联想到了俄罗斯经典五角星形象，而俄罗斯籍教职工则无此类明显趋势；联想到中国经典五角星形象的个体中，中国籍使用者占 4/5。一部分个体认为五角星塔尖建筑造型具有很强的标志性，是校园造型的点睛之笔，塑造了区域地标；另一部分认为其具有很强的文化象征性，兼具中俄文化的象征意义，很好地表达了学校联合办学的特点。由上述与使用者的访谈结果可知，五角星塔尖的建筑造型获得了使用者的普遍认可，很好地塑造了具有地标性与归属感的场所氛围，传达了文化情感。使用者对五角星建筑造型形象的意象联想并不局限于俄罗斯建筑原型，而是在地域元素与建筑群特征

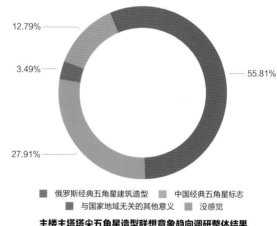

主楼主塔塔尖五角星造型联想意象趋向调研整体结果

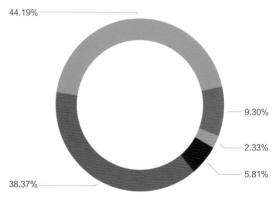

主楼主塔塔尖五角星造型认可度

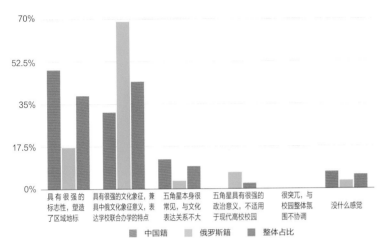

不同国籍被调研者对主楼外立面与前广场设计对学校特色呈现程度认可度占比示意图

的烘托下，因为使用者自身身份、阅历与国籍背景的不同，产生了新的联想与理解，从而跳脱了原型本身，使建筑形象具有了更广泛、更具有包容性的意义。

核心问题二：校园整体形象认同（知）度

（1）问题实例：校园整体形象塑造。

（2）相关说明：校园建筑期望塑造特殊的场所氛围，传达办学精神。

（3）应对的问题：如何平衡与融合中俄文化在校园环境中的表达，使之既能被感知，又能在"南方地域环境"与"高校建筑环境"这两个限定条件下，表达得理性而合理。

（4）问题的解决方案：深圳北理莫斯科大学的整体基调定为融合中国与俄罗斯、古典与现代的建筑风格。建筑以俄罗斯风格为原型，奠定叙事主线；在建筑装饰细节中，暗藏俄罗斯太阳花花纹和中国传统冰裂纹、回形纹、云纹等精致文化符号，给观者以不经意的惊喜。在俄罗斯古典对称规划构图的基础上，作为校园"后花园"的山体公园与人工湖的景观按照中国古典园林景观的方式处理，保留自然生动的状态，并在山体上植入9座亭子，在呼应3#食堂建筑的人工湖畔对岸之处，植入1座观景水榭。自然景观与人工建筑的界限被模糊化，因而中式景观草蛇灰线、细腻敏感地渗入俄罗斯厚重大气的建筑环境之中。两种文化并非生硬地碰撞，而是互相渗透而藕断丝连。生硬的碰撞带来的是奇幻的感受，

1、2　不同视角下，校园中式建筑与主楼的"对话"

而悄无声息的渗透减少了文化冲突带来的违和感，使观者置身于场所之中时，接受场所被设定的空间氛围。

（5）使用反馈：在具有中俄传统文化符号的建筑装饰细节中，中国古典亭榭是最易被辨识出的元素，有超过80%的被调研者达成此项辨识，其中包括超过75%的中国籍被调研者与接近90%的俄罗斯籍被调研者。对俄罗斯太阳花花纹装饰的辨识度结果与国籍无关，达成与未达成的个体均匀分布于两种国籍群体中。约15%的个体并未留意到这些细节或未关联至传统文化，此类个体的国籍分布差异性也不大。对于这些带有中俄民族特色的建筑装饰细节，超过80%的被调研者认为整体效果不错，体现了中俄文化的融洽共处，精致而有内涵。总体而言，接近3/4的被调研者认为校园整体建筑形象是一座中俄风格融合的校园，87%的被调研者表示喜欢校园整体的建筑形象。综上数据与访谈结果可知，中俄风格融合的校园整体形象基本被使用者认知且认可，设计效果获得较高的评价，设计目标成功达成。

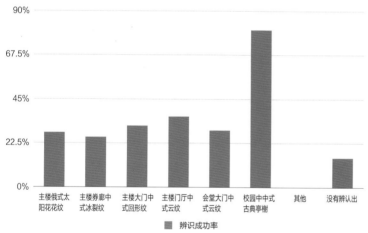

中俄特色建筑装饰细节辨识成功度

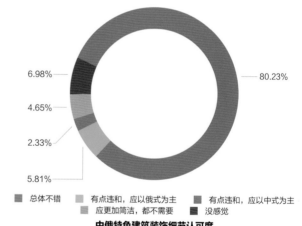

中俄特色建筑装饰细节认可度

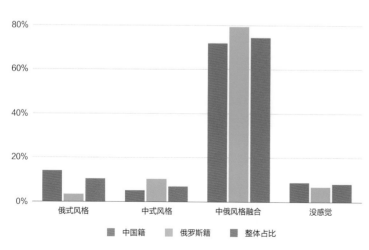

不同国籍被调研者对校园整体建筑形象辨识度

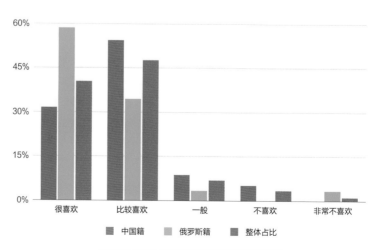

不同国籍被调研者对校园整体建筑形象满意度

使用者对教学楼或主楼（行政办公用楼）、图书馆、会堂等重要功能空间的使用满意度

1. 问题描述

此问题为判断建筑功能与环境是否满足基本教学与办公行为需求而设。为高效精准地挖掘出使用过程中可能存在的问题，此项评估内容从完整的指标体系中精简出采光、家具布置、功能缺项等与设计本身有关的项目，而温湿度、声环境等可通过设备调节的客观指标不纳入此次评估范围。

通过使用后评估确认了主要功能空间的环境品质基本满足使用需求，被调研者对物理空间指标相对满意；设计中引入的风雨环廊、中庭、边庭、阳光过厅等基于使用者行为需求或绿色建筑需求的节点空间，设计理念基本被认可，设计效果达到预期。

2. 使用后评估调查

（1）问题实例：校园中主要功能空间物理环境设计。

（2）相关说明：校园中主要功能空间的塑造以学校教学模式与师生学习、生活行为需求为出发点，在满足功能需求与环境舒适度标准的基础上，提升空间利用率，减少能源消耗。

（3）应对的问题：深圳北理莫斯科大学采用沉浸式教学法，着力营造以俄语为主的教学环境，因而在校师生的行为需求区别于国内普通高校，具有沟通量大、课堂延展面广、表达与表演需求多、存在文化差异等特点。如何营造有趣、有活力的活动空间，提升空间利用率与能源利用率，以达到绿色人文校园的设计目标是本项目需要应对的问题之一。

（4）问题的解决方案：规划上，校园采用组团式设计，适当提升建筑密度，布局紧凑，用地集约，同时通过底层架空等方式强化空间之间的渗透，塑造空间引力；在功能上，强调空间的体验感、互动性、参与感与创造性，以功能混合与空间共享为目标，如主楼容纳了研究、办公、会议、展览等多种功能，而图书馆则混合了阅览、自习、学术交流、展览等功能。对于功能明确且单一的大空间功能建筑，采取预留复合功能空间的方式，提升空间弹性与使用频率，如在会堂中置入练习室小房间，体育馆场地可弹性转换适应各种类型体育活动，甚至可承办大型聚会、新生接待、就业面试等活动。同时，考虑到俄罗斯民族特点，

1	图书馆与主楼
2	图书馆内中央台阶
3	体育馆内部

综合图书馆建筑形体设计，在图书馆顶部设置了圆形的交流大厅，期望提供一个可举办高端学术交流、展览、会议、舞会等的综合型场所。

（5）使用反馈：目前教学楼中仅有 1# 教学楼投入使用。对于 1# 教学楼中教室的使用，接近 80% 的被调研者对教室采光持满意态度，63% 的被调研者对室内家具布置表示满意；剩下的被调研者则认为一般。此两项与设计有关的物理指标基本得到使用者的认可。功能上，1# 教学楼中基本无空置不用的空间。大部分被调研学生认为教学楼中无拥挤的空间，功能与尺度都设计适宜，可满足基本需求。大部分被调研学生认为 1# 教学楼中无须增加其他功能性空间或设施，表示对现状非常满意；部分被调研者提出自习室、储藏柜、研讨室、通知栏等需求，其中对自习室与储藏柜的需求量较为突出。自习室在设计中考虑放置于图书馆中，与阅览空间结合，能保证环境的私密安静，教学楼中不适宜设置自习室，或可根据需要分时段开放空置的教室作为自习室供学生使用；研讨室可在图书馆中少量设置；其他结合公共开放空间设置，可加强公共开放空间中可停留性的引导，以满足此类活动需要。主楼作为行政办公综合楼，以垂直分区的方式区分各类型功能，目前投入使用的是 2~7 层的办公室功能。对于主楼中办公室的使用情况，超过 80% 的被调研教职工对采光非常满意，剩下的则认为一般，无不满意的反馈；对于办公室室内家具的布置，接近 60% 的被调研者表示非常满意，约 35% 的被调研者认为一般，剩下表示不满意的约占总数的 5%。在具体的不满意意见中，

1

2

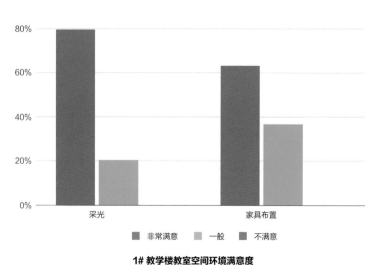

1# 教学楼教室空间环境满意度

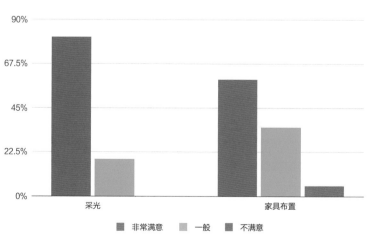

主楼中办公室空间环境满意度

一类建议用布置家具的方式将大空间划分为较小空间，以保证办公空间的私密性，避免相互之间的干扰（此意见来源于俄罗斯籍教职工）；另一类认为需要有放折叠床的空间以供午休使用（此意见来源于中国籍教职工）。此项调研结果可为校方后期改善室内布置提供参考。

由于学校尚在起步阶段，人员与设备均未配置到目标数量，主楼中尚存在大量的空置房间，因此需要排除其对主楼功能空间利用率评估的影响。

除此之外,仍有超过40%的被调研者认为主楼中存在空置的空间,如大厅、走廊、中庭、空中花园、位于7层的阳光过厅等。设置这部分空间的本意是提升办公空间丰富性与活力，满足行政办公基础功能以外的休闲空间或不定义的多功能共享空间的需求，塑造阳光健康的办公空间。调研发现此类空间目前并未被充分使用，而同时部分被调研教职工认为缺少此类空间。因此在使用中可以增强此类休闲空间与多功能空间的使用引导，通过日常管理等方式提升此类空间的可达性与利用率。

对于图书馆顶部的圆形交流大厅，有接近40%的被调研者并不知道交流大厅的存在，在知道交流大厅存在的被调研群体中，有65%的被调研者表示完全没有使用过交流大厅，29%的被调研者表示使用频率为每学期1~3次，仅有6%的被调研者的使用频率达到每个月1~3次及以上。认知程度与使用频率均未达到设计所预期的结果。目前在圆形交流大厅内举办过两次硕士毕业典礼，少量学生在里面排练过节目。而部分被调研者认为空间并不适合举办学术论坛，因为大厅内的设备不够完善，缺少投影仪等支持各种功能的设备。从这一调查结果可以看出，圆形交流大厅原本是为了促进师生交流与提供多功能综合型场所而设置的，然而由于校园投入使用不久，设施设备还不完善，因而使用效果未达到预期目标。

3

由于学校尚在发展阶段，图书馆现阶段仅开放了少量自习室。从调查结果来看，学生们对图书馆自习室的使用管理方式比较重视，提出如隔音、24 h 对师生开放等精细化运营管理要求。会堂使用情况基本符合预期，62% 的被调研者的使用频率在每学期 1~3 次，14% 的被调研者的使用频率在每学期 4~6 次，8% 的被调研者的使用频率可达到每学期 7 次及以上，16% 的被调研者表示每学期少于 1 次；此项数据与教职工或学生的身份无明显关联。整体数据可反映出会堂的利用率较高。被调研者对会堂物理环境品质（包括坐席区的温度、通风、观看效果、声音效果和等候空间大小）均较为满意，仅个别对舞台装修效果、麦克风音响设备表示不满意。

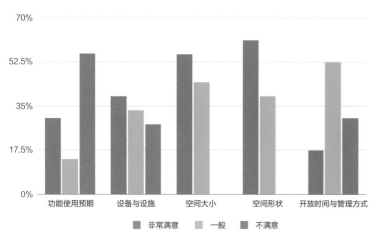

图书馆圆形交流大厅使用满意度　　　　　　　　　**会堂空间使用满意度**

（6）可持续使用改进建议：校方管理者对主楼中的休闲空间与多功能空间的使用、可达性增强宣传与引导，改善管理方式与家具布置，以提升使用频率与效果；对图书馆中自习室、研讨室、圆形交流大厅同样增强使用引导，完善家具布置，改善管理方式，增加活动的丰富性，以提升使用频率与效果。

1、2　　使用中的圆形交流大厅
3　　会堂室内
4　　使用中的会堂空间

使用者对中心庭院风雨环廊系统的使用满意度

1. 问题描述

围绕中心庭院（广场）的建筑底层将界面退后形成柱廊形式的架空灰空间，并通过有顶的风雨环廊连接起各日常使用的功能建筑，这一手法旨在丰富建筑立面、营造秩序井然且有韵律的空间氛围的同时，提供遮阴避雨、便捷安全、移步换景的人行路径。由于建筑空间的尺度、路径的可达性以及个体主观偏好都会影响风雨环廊系统的实际使用情况，通过中心庭院风雨环廊系统使用评估可以判断是否达到设计预期。

2. 使用后评估调查

（1）问题实例：校园中心庭院周边风雨环廊系统。
（2）相关说明：校园中师生的主要人行动线设计应满足安全、连贯、便捷等基本要求，以促进师生目的性与引导性行为的产生，还应注重师生的行为习惯，力求将舒适性与互动性相结合。

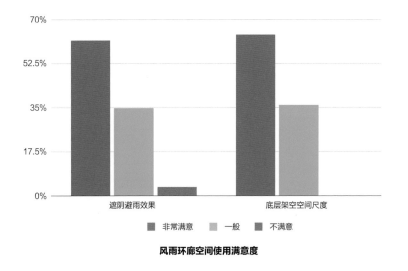

风雨环廊空间使用满意度

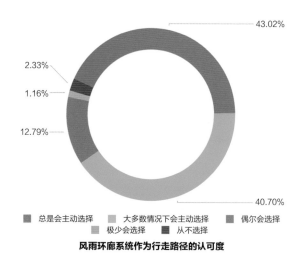

风雨环廊系统作为行走路径的认可度

（3）应对的问题：校园中常使用的功能建筑为教学楼、实验楼、主楼、图书馆等。高校师生的步行流线具有时段高峰性与多向性等特点。深圳北理莫斯科大学教学区与生活区分区明确，校园空间紧凑，机动车自校门口分流进入地库和到达前广场部分建筑主入口，校园内主要交通方式有步行、自行车、接驳电瓶车等，流线上存在一定交叉。

（4）问题的解决方案：深圳北理莫斯科大学校园布局规划较为紧凑，建筑围绕庭院组团式布局，宜增加空间密度，缩短行走路径，提高主要功能建筑的可达性与易达性，增加各种人行动线并促进各种行为的发生。校园中心庭院周边的建筑，临庭院界面采用底层架空的方式，形成柱廊灰空间。使用频率较高的功能建筑之间，通过架空柱廊连接，形成风雨环廊系统，从功能上为师生提供连贯、风雨无阻的步行路径，以打造便捷、安全、舒适的人行流线。同时， 底层功能空间部分采用通透的玻璃隔墙，增加了室内外视线的交流互动；景观设计上也随着风雨环廊的路径而步移景异，使得风雨环廊空间生动而有趣，为线性的路径增加可停留的节点。

（5）使用反馈：超过 60% 的被调研者对风雨环廊遮阴避雨的效果表示非常满意，35% 左右的被调研者认为一般，3.5% 的被调研者表示不满意，其理由在于风雨环廊并未连起所有建筑，或部分建筑入口未开放导致通行不畅。对于风雨环廊作为底层架空空间，其空间尺度获得了超过 60%的被调研者的认可，其余的被调研者认为一般，没有不满意的意见反馈。

1

约 43% 的被调研者表示总是会主动选择风雨环廊系统作为到达目的地的行走路线，约 40% 的被调研者表示大多数情况下会主动选择，约 13% 的被调研者表示偶尔会选择，剩下的被调研者表示极少会选择或从不选择；其中在校学生选择的偏好度要低于教职工。由此可看出风雨环廊系统功能与空间设计基本满足了设计要求，是校园使用者优先选择的行走路径。选择偶尔会与极少会在风雨环廊中停留，与选择会在此等候、休闲、放松或观景等的人数分别占一半左右，可知风雨环廊系统目前仍主要承担线性路径的功能，停留性与互动性的引导尚不明显。对于将高频率使用的功能建筑以风雨环廊系统连接起来的设计策略，总体上 45% 的被调研者对此表示非常认可，实际使用情况达到了设计预期；47% 的被调研者在认可此设计策略的同时，期望风雨环廊系统能连接更多的功能建筑。由此可知，风雨环廊系统的设计被使用者完全认可，此设计策略可为高校建筑设计中相关决策提供判断依据。

1　1# 教学楼立面及风雨环廊

2　被主楼及周边建筑围合的中央广场

使用者对中庭、边庭空间与阳光过厅空间的使用满意度

1. 问题描述

为打破"走廊 + 两边布房"的单调办公空间模式，提升空间品质，设计在主楼裙楼中引入了中庭空间，在 2~6 层中庭中加入楼梯，以调整中庭过于狭长的空间尺度；在 7 层设置了用玻璃天窗采光的阳光过厅，作为拥有自然采光的、不定义的多功能过渡空间，以灵活适应不同的教学

2

与办公需求。在 1# 教学楼中间设置了阳光边庭空间，其中设置了可行可坐的大台阶连接 1 层与 2 层。此处边庭临庭院界面取消了围护结构，成为半开放式公共空间，采用自然通风与采光，降低空调能耗，节约更多的能源与空间，达到绿色环保的目的。

这些中庭、边庭空间与阳光过厅等公共空间的设置，是否能满足基本的舒适度需求？是否达到空间高效利用的基本原则？通过中庭、边庭空间与阳光过厅空间使用满意度调查，可以探讨校园设计中小型公共空间设施的空间适宜度的问题，从而为设计决策带来借鉴意义。

2. 使用后评估调查

（1）问题实例：校园建筑单体设计中的中庭、边庭空间与阳光过厅空间设计。

（2）相关说明：为增加空间的多样性与资源共享性，在校园建筑单体设计中分别引入了中庭空间、边庭空间与阳光过厅空间等设计策略。

（3）应对的问题：如何平衡空间的丰富性与利用率，同时在南方地域环境下把握好自然采光的程度，不至于引起室内眩光，或产生局部暴晒，导致空间温度过高，以及如何平衡空间的绿色节能、可持续性与物理环境的舒适度。

1   1# 教学楼边庭与室外的空间渗透

2   图书馆内部空间

1

2

（4）问题的解决方案：主楼中引入中庭空间，以增加走廊采光和空间多样性；在7层设置用玻璃天窗采光的阳光过厅，提供多功能的不定义空间。二者都是通过室内空间与自然光线的互动达到设计目的的。在1# 教学楼中设置的边庭空间，如果设计为室内空间，根据计算结果需要大量的空调设备才能满足教学楼中的热环境与风环境舒适度。为此实施方案在保留边庭设计想法的同时，取消边庭与户外环境界面的围护结构，以增加自然采光与自然通风，降低空调能耗。同时，室内与室外的界限被模糊后，以连续的大台阶串联起室内外空间，使作为灰空间的中庭空间显得独特而有趣。

（5）使用反馈：对于主楼中庭空间，超过70% 的被调研者对中庭区域温度非常满意，剩下的被调研者表示一般，没有不满意的意见反馈。而通风效果同样获得一致认可，超过85% 的被调研者对通风效果表示非常满意。57% 的被调研者认为中庭区域的采光效果非常好，走廊上白天完全不需要开灯；40% 的被调研者认为天气晴好时可依靠自然采光，阴霾天气时还是需要人工照明辅助。从数据统计结果来看，自然采光中庭的设计效果达到预期目标。大多数被调研者对中庭的尺度持满意或中立看法，仅有3% 的被调研者认为中庭的楼梯破坏了整体环境的美感，尺度与中庭空间不协调。

对于主楼7层的阳光过厅，被调研者中仅有27% 的人使用过阳光过厅，其中80% 的使用者认为阳光照进来，空间明亮有趣；10% 的使用者认为一般，没感觉；剩下10% 的使用者认为阳光太强烈刺眼或太晒，空间不舒适。设计期望在办公空间中引入阳光过厅这样多样性的空间，以增加空间丰富性，同时提供沟通、交往、休闲、展览等多功能的场所，对此超过86% 的被调研者支持此项设计策略，认为很有必要，空间也很有趣，能灵活承载各种功能；剩下14% 的被调研者表示可有可无，影响不大；没有被调研者认为此项举措是对空间的浪费。

对于1# 教学楼的边庭空间，仅有55% 的使用者对边庭空间的温度表示非常满意，41% 的使用者表示一般，4% 的使用者表示不满意，主要原因在于中午强烈的阳光降低了热环境舒适度。

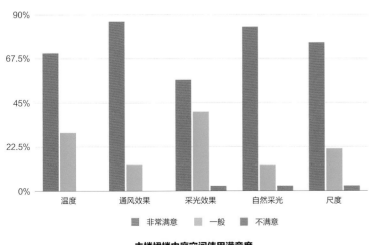

主楼裙楼中庭空间使用满意度

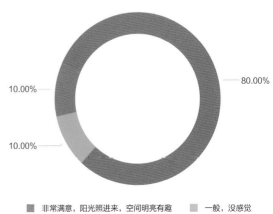

主楼7层阳光过厅自然采光满意度

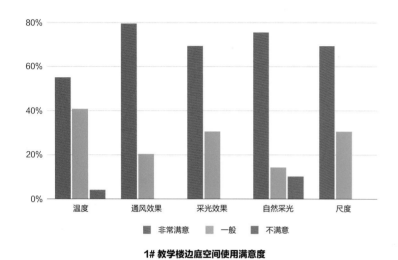

1# 教学楼边庭空间使用满意度

与主楼室内中庭空间的调查结果对比可知，开放的边庭空间的热环境指标满意度明显低于室内中庭空间，开放灰空间类型的设计策略难免会引起物理环境舒适度的降低。然而接近 80% 的使用者对边庭区域的通风效果与自然采光表示非常满意，能感受到自然风吹过；接近 70% 的使用者认为采光效果非常好，走廊上白天不需要开灯，剩下 30% 的使用者认为阴霾天气时仍需人工照明辅助，这与深圳的极端天气有关；两项指标均没有不满意的意见反馈。这说明开放性仅对空间热环境指标有影响，对风环境影响不大，甚至有改善作用。超过 3/4 的使用者对边庭的自然采光表示非常满意，认为阳光照进来的场景增加了空间的趣味性。整体来说，本项目中 1# 教学楼开放边庭的环境舒适度与建筑能耗表现之间基本达到平衡，在满足舒适需求的同时减少能源消耗，基本上获得了使用者的认可。

结论

本次使用后评估的调查结果表明，作为学校使用者的教职工和学生对深圳北理莫斯科大学的总体满意度较高：对建筑所承载的中俄建筑文化意象表现出很大程度的认同；对教学楼或主楼（行政办公用楼）、图书馆、会堂等重要功能空间，对中庭或边庭空间及其他特色室内空间的功能以及舒适度都给出了较高的满意评价，设计达到了预期的效果。

使用后评估的意义在于明确设计方的意图与使用者的需求之间的差距。被调研者的意见反馈有助于设计方及时发现建筑运作过程中的误区与盲区，通过管理或者其他方式改善前期设计的不足。对于设计师而言，这是设计经验的拓展与积累，今后在面对同类型项目或者相似场景下的设计决

策时，可将其作为真实而可靠的数据与规律参考，从而形成"实践—理论—实践"的闭环。

最重要的是，从使用者角度获得的对学校设计的真实评价，跳出专业人士由于主观分析、审美喜好、观念差距而导致的个体化的视角局限，让建筑设计成功与否的评判标准，重回以人为本的根本原则。

（文 / 陈竹、许诺）

1　　校园鸟瞰

附录
Приложение

俄罗斯教育建筑研究
Исследование архитектуры российских образовательных учреждений

教育建筑是人类文明的载体，是用来阅读一个国家、一座城市最直观的"史书"。俄罗斯教育建筑有着深厚的内涵和悠久的历史，在世界建筑史上占有举足轻重的地位。由于地缘关系和宗教传统，俄罗斯教育建筑的发展整体遵循西方建筑发展的趋势，但又不完全相同，常常博采众家之长，后自成一派，在世界建筑史上留下许多独具特色的俄罗斯风格建筑。

本文以研究俄罗斯的教育建筑的发展历程为出发点，从俄罗斯所经历的历史时期与建筑风格、社会运动与社会实践、政治领袖的建筑艺术素质、城市发展等方面探求其各个时期教育建筑的风格。千年回眸，世界建筑风格在俄罗斯这片土地上不断碰撞、融合、创新。

发展从来都是螺旋式上升的，历史变迁、王朝更迭、宗教文化、权力的力量展现在建筑风格的变化之中，又交织推动着建筑风格的发展。俄罗斯的教育建筑和其他类型的建筑一样，虽历经千年发展，但始终保持着文化的自信，在接纳西方建筑风格的同时坚持独具特色的文化风格。如何保持文化自信，学会尊重和接纳历史，是我们需要从俄罗斯教育建筑中学习的内容。

前言

建筑是时代的产物，是社会政治、经济生活的综合反映，而教育是社会文化发展的重要推动力。俄罗斯的教育建筑，相较于其他类型的建筑，其发展是断代的，风格具有跳跃性，多分布在政治稳定、经济较发达的大城市地区。

俄罗斯教育建筑的发展经历了漫长的历史。公元 9 世纪下半叶，来自保加利亚的传教士基里尔兄弟在希腊字母基础上创制了斯拉夫字母，为俄国的教育奠定了基础。988 年"罗斯受洗"，基督教引入后，政府与教会兴办了各类学校。此后，由于基辅罗斯解体、蒙古鞑靼人的入侵，古罗斯文化处于低潮时期，教育活动几近中断。18 世纪初，俄国文化发展进入"黄金时代"，彼得一世下令建造了圣彼得堡国立大学，这是俄语世界的第一所大学，具有巴洛克建筑风格。

1917 年十月革命胜利，苏联成立初期的建筑理论极富生命力，苏联的呼捷玛斯（即国立高等艺术与技术创作工作室的缩写）与德国的包豪斯共同开创了现代主义建筑，但由于后期政治领袖对建筑风格审美的介入，呼捷玛斯过早地离开了建筑历史的舞台。1991 年苏联解体后，在市场经济体制下，俄罗斯经济逐渐复苏，建筑设计也摆脱了政治与意识形态的影响，在宽松的创作条件下，教育建筑的风格如同百花齐放，出现了不少佳作。

1917 年以前沙俄时代的教育建筑

1. 古罗斯教育建筑风格

1）基辅罗斯的形成与古罗斯传统风格，古罗斯早期教育

俄罗斯人最早可以追溯到公元 3 世纪定居在俄罗斯南部第聂伯河和德涅斯特河之间的东斯拉夫人。在漫长的人口迁移过程中，东斯拉夫人的建筑技术不断进步，逐渐形成了我们现在所说的古罗斯传统风格，这里的古罗斯即古俄罗斯。古罗斯传统风格建筑基本上以木材为主要的建筑材料，从外观上可以很直观地分辨出来，比如有像塔楼一样高耸的屋顶。在建筑装饰上，古罗斯传统风格房屋上镂刻着寓意庇护和防御的花纹。

9 世纪中叶，留里克王朝成为统治东斯拉夫人的古罗斯国家的第一个王朝，建都于基辅，由此基辅成为东斯拉夫文化的发源地。基辅罗斯的教育基本以家庭教育为主，主要培养农工、手工匠人、武士和术士。

2）"罗斯受洗"与拜占庭风格，古罗斯教育建筑的出现

东斯拉夫人最初信奉多神教。988 年基辅罗斯公国的弗拉基米尔大公宣布东正教为基辅罗斯的国教，他下令摧毁多神教信徒所崇拜的庇隆等偶像，命令所有基辅市民在第聂伯河畔下水受洗，这一事件史称"罗斯受洗"。

基督教的引入很大程度上促进了古罗斯建筑和教育事业的发展。由于弗拉基米尔时期所信奉的是希腊（即拜占庭）所信奉的基督教，所以这个时期古罗斯的建筑风格迅速向拜占庭帝国靠拢，但这种建筑风格的变化多体现在宗教建筑上，而在住宅和城堡建筑上，仍保留着上一时期古罗斯风格的特征。

公元 9 世纪下半叶，为了方便在东斯拉夫人中传播东正教，基督教传教士基里尔在希腊字母基础上创制了斯拉夫字母，开始翻译希腊文圣经和其他宗教书籍。到 13 世纪初，古罗斯基本上创立了初级教育，政府与教会兴办了各类学校，古罗斯时期的教育建筑开始出现。

3）蒙古入侵与未发展的欧洲建筑风格，各类教育发展停滞

公元 13 世纪中叶，蒙古鞑靼人入侵基辅，俄罗斯历史的第一阶段结束，进入了中世纪莫斯科

公国时期。蒙古鞑靼人信奉多神教，为维护自己的统治，蒙古汗支持东正教会的活动，利用教会的力量来巩固自己的政权。宗教不断发展，成为俄国中世纪文化的核心，统治人们的精神世界，支配人们的行为，为人们提供效仿的样板。

在蒙古鞑靼人统治古罗斯的 240 年间，古罗斯与欧洲的联系被削弱，落后的封建主义使古罗斯错过了与欧洲的哥特风格及文艺复兴建筑风格的共同发展。基辅罗斯处在东正教的笼罩下，教会否定一切新生事物，对异族（尤其是天主教）的哲学与科学教育及影响表现出特殊的惧怕感。这种做法阻碍了古罗斯社会的进步与科学技术的发展，使罗斯文化处于低潮时期，教育活动几近中断，这一时期虽然教会开办了一些学校，但都是宗教性的。

另一方面，基辅罗斯的厄运客观上促进了莫斯科的发展，使其成为莫斯科公国时期的政治文化中心，莫斯科的崛起推动了俄国教育建筑的发展。

2. 近代沙俄教育建筑风格

1）"彼得一世改革"与巴洛克风格，大学教育建筑的出现

17 世纪初彼得一世迁都到圣彼得堡，宣布俄罗斯为帝国，圣彼得堡成为俄国文化、政治、经济中心。18 世纪初，彼得一世对俄国的政治、文化、经济、宗教等方面进行改革，开辟了俄国历史的新纪元，使俄国的社会与文化进入一个新的历史阶段。改革后的俄国向欧洲开放，来自西欧的巴洛克建筑风格在这一时期盛行。

彼得一世为了发展教育事业，在全国建立起初等教育网，并开设了军事和技术专科学校，创立了海军学院和医学专科学校。1724 年，彼得一世敕令建立俄罗斯科学院和圣彼得堡国立大学。

圣彼得堡国立大学坐落于圣彼得堡瓦西里岛。主楼是位于涅瓦河北岸的十二院楼，由建筑师塔拉索夫设计修建而成，具有巴洛克风格。该建筑最初是为参议院、教会和 10 个部委建造的。它是由 12 个相同的 3 层建筑组成的，紧贴在一起，后来于 1837—1838 年改建为大学的 12 所学院，并在此次改造中呈现了现代化的外观，最为有名的是位于建筑 2 层的走廊，约 500 m 长，几乎贯通整个建筑，成为俄罗斯乃至欧洲最长的室内走廊。

2）俄国文化"黄金时代"与古典主义风格，大学教育建筑的发展

1725 年，叶卡捷琳娜一世依照彼得一世的遗嘱成立彼得堡科学院。各

种文字的书籍和教科书被译成俄文，在俄国出版。俄国开始接触欧洲的
科技成果。许多外国教授、教师以及各行各业的专家纷纷来俄国传授知识，
俄国的年轻人也以公派的方式赴欧洲国家留学。这一时期，俄国的教育
基本面向贵族和神职人员的后代。18 世纪 60 年代，女沙皇叶卡捷琳娜
二世上台，古典主义极富秩序性的建筑风格迅速风靡俄国，取代巴洛克
风格在俄国建筑中占据主导地位。

1749 年吴赫托姆斯基在莫斯科创办了第一个建筑学院。19 世纪初，建
筑师巴热诺夫和卡托科夫在原建筑的基础上运用了克里姆林宫式的传统
建筑技术艺术，使之形成现在的建筑外观。1933 年建筑学院被命名为"莫
斯科建筑设计学院"，在呼捷玛斯解散后继承其教育衣钵，成为俄罗斯
最著名的建筑学院。它培养了一批又一批俄罗斯建筑师，是构成主义的
殿堂，是建筑师朝圣之地。其建筑为俄罗斯古典主义风格，呈轴对称布局。
建筑主入口是异化的古典主义柱廊结构，矩形的屋顶使得他与其他建筑
有着极强的区分度，整体建筑典雅精美。

1757 年成立的俄罗斯皇家美术学院，叶卡捷琳娜二世时更名为帝国艺
术学院，现为圣彼得堡列宾美术学院，现学院主体建筑完工于 1789 年，
位于大涅瓦河以北瓦西里岛南侧大学滨河路北面，河边有著名的斯芬克
斯像。建筑主体是一幢矩形建筑，呈三段式，对称且富有秩序，是一座
古典主义风格建筑。内有环形建筑和圆形庭院，建筑中央的圆形庭院是
世界上最大的圆形庭院。在入口处门廊的柱子之间是赫拉克勒斯和弗洛
拉的雕像。外墙装饰和内部布局属于不同的建筑时期。这里是俄罗斯美

3

1   圣彼得堡国立大学

2   改造后的圣彼得堡国立大学

3   莫斯科建筑设计学院

4   圣彼得堡列宾美术学院

4

术教育的最高学府，培养出了许多世界知名美术家。

自 1771 年开始、历时 10 年修建的彼得堡教育者之家，是十月革命前莫斯科最大的建筑物（沿堤岸的立面长度为 379 m），是用于收养孤儿、弃儿、街头流浪儿童的封闭式慈善教育机构。这是一座新古典主义风格建筑，气势磅礴，在堤岸对面观看极有气势，建筑屋顶为绿色，在天际线上非常显眼。

1775—1782 年在莫斯科建造的叶卡捷琳娜大帝的行宫，现在用作彼得罗夫斯基宫 – 茹科夫斯基学院。 建筑师是俄国本土建筑师，从未去国外旅行，同时也没有去过圣彼得堡，所以他结合哥特风格（主立面的火炬柱）和俄罗斯传统风格（砖墙上的石灰石装饰）创造了一个独特的新哥特式建筑群。从中可以看到中世纪晚期的装饰元素按照古典主义风格排列。建筑正面的三角形山墙和屋顶窗，一定程度上打破了整个立面的图形，但由于圆形大厅的圆顶较大，并且在建筑群的中心有一个显眼的石膏装饰，因此外观又统一起来。建筑内外的装饰受巴洛克风格影响较大，院中甚至还有一座六面塔楼，可以看到后期俄国建筑风格的变化趋势。

叶卡捷琳娜二世在位期间在圣彼得堡修建的宫殿，现在是俄罗斯装甲部队学院，属于古典主义风格建筑宫殿群。该建筑大量使用红色作为主色调，同时广泛地使用柱廊作为建筑装饰元素。

1783—1789 年建造的彼得堡科学院大楼由建筑师克瓦连吉贾科莫设计。该建筑连接着圣彼得堡瓦西里岛和大学沿岸街，面向涅瓦河。该建筑采用典型的古典主义风格，平面为矩形，地板采用花岗岩衬里，中央设置了八柱（爱奥尼柱式）门廊，外部为花岗岩楼梯，立面除飞檐和落水管外没有过多装饰。大楼现在是圣彼得堡科学活动的主要场所，俄罗斯科学院的许多机构都设在这里。最初，科学院仅有 6 个房间和 1 层的一个大厅，直到 18 世纪下半叶，叶卡捷琳娜二世在位期间，才特意为科学院修建大楼。

1786—1793 年建造的旧莫斯科大学主楼是古典主义风格的教育建筑。八柱门廊、中央圆形的屋顶、下方圆形的大厅， 整体呈轴对称，是麻雀山上的莫斯科大学主楼建成之前的莫斯科大学主楼。这里是俄罗斯现代教育的发源地，现在是莫斯科大学亚洲与非洲研究系所在地。

1797 年，沙皇俄国政府建立了俄国的第三所高等院校——俄罗斯国立师范大学，又名赫尔岑国立师范大学，它是俄罗斯最古老的高等学府之一，至今已经有 200 多年的历史。它是世界著名的师范大学，同时也是俄罗斯历史最悠久的，唯一冠有俄罗斯国家名称的师范大学。同年，建立圣彼得堡国立农业大学。

1　彼得堡教育者之家：教师们的俱乐部

2　彼得罗夫斯基宫 – 茹科夫斯基学院

3　俄罗斯装甲部队学院

4

5

1871 年由建筑师卡明斯基设计建造的俄罗斯艺术科学院是古典主义风格建筑，后经过改造，
中庭部分打开露天。俄罗斯艺术科学院是俄罗斯联邦最高级别的建筑、装饰、设计以及艺术教
育机构。这栋建筑是莫斯科艺术学院的展馆，内部藏有凡·高、塞尚和其他艺术名家的画作。
19 世纪除了大批的古典主义教育建筑外，还有一些其他风格的教育建筑，比如列宁与托尔斯泰
的母校——建于 19 世纪初的喀山大学，校区没有莫斯科大学那样高大雄伟的建筑，也不像一
些俄罗斯高校那样只有一幢楼，而是一个非常漂亮的希腊式建筑群落，拥有古希腊神话宫殿一
般的韵味。列宁曾在 1887 年就读于喀山大学，他对喀山大学的建筑赞赏有加。
1895—1901 年建立的莫斯科国立柴可夫斯基音乐学院属于折中主义风格建筑。它是俄罗斯最

1

2

著名的音乐学院，学院内的音乐厅最多可容纳 1 737 人。

值得一提的是，俄罗斯的大学建筑组织形式与国内大相径庭，俄罗斯大学所有的部门和院系基本都在一栋大楼中，所以其大楼更显庞大，内部空间也更加复杂。

18—19 世纪，俄国基本建立了欧式教育体系。至 20 世纪初，俄罗斯教育体系包括初等教育、妇女教育、职业教育和高等教育机构。俄罗斯帝国时期，俄国文化发展处于"黄金时代"，又恰逢俄罗斯古典主义的启蒙时期，俄国的古典主义风格的教育建筑在数量上迎来了井喷期，世界极负盛名的教育建筑很多都出自这个时期，如世界四大美院之一的圣彼得堡列宾美术学院，重量级的音乐类学府莫斯科国立柴可夫斯基音乐学院，还有世界著名医科类大学巴普洛夫医科大学以及综合类的莫斯科大学、圣彼得堡国立技术大学等。

1917 年—20 世纪 50 年代苏俄的教育建筑

20 世纪初俄国的社会主义运动极大地激发了人们的思想和创作欲，俄国在短期内出现了大量的艺术团体。十月革命胜利后，苏联定都莫斯科，列宁对俄国社会的艺术创作持开放姿态，加之受到 19 世纪意大利未来主义思潮的影响，苏联成立后俄国建筑艺术家们对未来充满了期待，设计建造了许多未来主义教育建筑，并逐渐形成了苏联构成主义建筑风格。1920 年，呼捷玛斯的创立是苏联构成主义建筑风格发展的高潮，与德国的包豪斯共同开创了现代主义建筑研究的基地，成为两个重要的现代主义艺术研究中心。

1　喀山大学

2　莫斯科国立柴可夫斯基音乐学院

3　莫斯科建筑学院第二教学楼

4　呼捷玛斯主楼转角

然而这种现代思潮在二战后"被冷却"下来，呼捷玛斯被社会主义现实主义所终止。革命时期
活跃的思想逐渐与领导者的政治意志产生冲突，先锋的构成主义过早地退出了历史的舞台。社
会主义建筑要描绘社会主义社会，就必须和西方帝国主义相区别，最容易找到也是唯一可以找
到的就是俄罗斯民族的东西。而简约的现代建筑形式则不能给人民以任何积极的文化、历史联想。
在俄罗斯土地上曾树立过的还能表达宏伟的建筑风格，自然是俄罗斯的古典主义。

这一阶段，苏联的教育不断发展，建成了全国统一、学科门类齐全、水平较高的国民教育体系，
基本满足了本国社会经济发展的需要，同时也为第三世界国家培养了大批专业人才。

1. 十月革命与苏联构成主义风格时期的教育建筑

1917 年十月革命胜利，苏维埃国家开始同过去的一切（包括旧俄文化）彻底决裂，并且着手
建设新兴的无产阶级世界和与之相适应的无产阶级文化。而构成主义积极否定传统艺术，强调
精神世界及内心的真实体验，恰好符合当时反传统的政治革命精神。

1920 年构成主义发展达到顶峰，呼捷玛斯应运而生。呼捷玛斯的主楼建造于 1920 年，具有
浓浓的构成主义风格。

3

4

20 世纪 30 年代初加里宁格勒仍被德国占领，这一时期从德国发源的包豪斯风格也蔓延至此。
图书馆建筑由混凝土浇筑而成，通过简单的矩形变化营造设计感。与建设初期相比，现在建筑
的外墙漆颜色、窗户形制削弱了这种设计感，但是整体而言，作为现代主义建筑初期的建筑案例，
仍有探寻现代主义设计初期风格的价值。

苏联呼捷玛斯与德国包豪斯共同开创了现代主义建筑，这一阶段的建筑理论极富生命力和冲击
力，其影响也最为深远。当代著名建筑师库哈斯、扎哈等人都在不同场合表达了苏联构成主义
对其自身的深远影响。

2. 二战后复古主义下教育建筑的发展

"对于从小接受保守主义教育的斯大林来说，前卫派建筑运动是他所完全不能、也不想去理解
的。……他比较推崇罗马帝国式的、意大利文艺复兴时期的及 18 世纪末 19 世纪初俄罗斯古典
主义时期的建筑风格。……斯大林坚持将古典主义作为唯一永恒的理想。"

伴随着斯大林上台，苏联的建筑风格在政治的引导下出现了剧烈的变化，斯大林对古典主义的
偏爱使先锋的苏联构成主义的影响逐渐减弱，1930 年呼捷玛斯解散。

1931 年，苏联政府开始修建伏尔加格勒国立社会师范大学，大学主楼采用古典建筑风格，强
调中轴线、主从关系对称，主楼正中央的屋顶给建筑平添了几分别致，大学主楼前树立着作家
塞拉菲莫维奇的纪念碑，整体透露出古典主义建筑的端庄宏伟以及科教建筑的人文关怀。中央
伏尔加格勒国立社会师范大学，是俄罗斯南部及伏尔加格勒州权威的教育及文化中心。

1932—1937 年间，建筑师鲁德涅夫和蒙茨设计建造了伏龙芝军事学院。主楼是一栋装饰艺术
风格的建筑。建筑最重要的特征是立面上的矩形内陷窗。出于功能考量，建筑基本没有其他装饰，

1　　　　　　　　　　　　　　　　　　2

3

4

整体外形棱角分明，给人以干练、肃穆、庄严的感觉。

当仿古典主义风格的复古式建筑风格成为苏联建筑界的主流时，这种复古的建筑风格随之被称为斯大林式帝国风格，简称"斯大林风格"（即社会主义现实主义风格）。斯大林风格的建筑非常易于辨别，它们体量巨大，带有古典主义风格的柱、拱结构，同时有着装饰华丽的巨大楼梯、窗户和门。

莫斯科国立罗蒙诺索夫大学（简称"莫斯科大学"）主楼建于1949—1953年间，由列夫·鲁德涅夫（Lev Rudnev）设计，位于莫斯科西南的麻雀山上（原名列宁山），是莫斯科斯大林式建筑"七姐妹"之一。建筑高度为183.2 m(尖顶240 m)，中央建筑物最高有32层，18~28层为学生公寓。主楼与中央塔楼完全对称，18层高的翼楼从中间向两边伸展。在翼楼上安装着一个巨大的时钟。截至2014年，莫斯科大学的塔钟仍是欧洲最大的塔钟，其直径为8.74 m。该建筑使用了各种天然石材，主要建筑物和相邻建筑物的基座由大理石和花岗岩制成，墙面由陶瓷板铺制，建筑的装饰元素则都是由石料雕刻而成的，它是典型的斯大林风格教育建筑。

20 世纪 60—90 年代苏俄的教育建筑

1. 20 世纪中后期苏联现代主义时期的教育建筑

20 世纪 60 年代，复古主义退潮，苏联建筑重回现代主义的怀抱。到 80 年代，苏联的现代化建设水平达到了很高的程度，建筑师们开始对快速建设时期千篇一律的建筑形式进行反思，重新认识到建筑艺术和建筑文化象征主义的作用。同时，这一时期意识形态的斗争逐渐放缓，国际文化的交流也带来了西方新的、多元的建筑思潮。

1968 年在圣彼得堡建造的国家机器人研究院，造型充满了未来感，在当地被人叫作"白色郁金香"，有趣的是，研究院本身的主攻方向就是太空船和军用机器人。

1984 年设计建造的康德波罗的海联邦大学，建筑通过门厅上方矩形的简单变化镶嵌到主楼中，形成了独特的现代造型风格；同时外立面黄色、褐色的撞色设计，使得整个建筑风格简洁而富有变化。该大楼前占地面积颇大的中庭点缀着不多的绿植和休息座椅，尺度宜人的空间感令整个休息区不会被严肃、冷谈的建筑风格所影响。

1974 年俄罗斯科学院主席团开始建造，直至 1994 年才建造完成，被称为"金色大脑"。这是一座前卫建筑，造型非常大胆与夸张。建筑由 2 座相互连接的高层建筑和 3 层的裙楼组成，其中裙楼又分为 4 个部分，将中间的高楼拱围其中。建筑外立面采用混凝土和金色金属装饰，塔楼上的装饰中隐藏着时钟，顶部玻璃与金属所构成的装饰是后工业时代的象征。这座建筑也是莫斯科麻雀山轴线上的重要建筑之一。

1

1	国家机器人研究院
2	康德波罗的海联邦大学
3	俄罗斯科学院主席团
4	俄罗斯科学院主席团塔楼顶装饰
5	列宁格勒某幼儿园
6	鲍里斯艾夫曼舞蹈学院
7	鲍里斯艾夫曼舞蹈学院入口

2

3

2. 苏联后现代主义时期的教育建筑

20 年代末期，西方新的建筑思潮涌入苏联，对苏联建筑设计领域造成了极大的冲击，其中后现代主义对现代主义建筑的冲击最为巨大。苏联濒临解体，部分苏联建筑师在后现代主义思想的冲击下，运用夸张而戏谑的建筑造型表达了自己的思想，比如位于列宁格勒的一处幼儿园。

1991 年以来俄罗斯的教育建筑

1991 年苏联解体后，随着俄罗斯经济的发展，俄罗斯建筑业逐渐复苏。与苏联时期相比，市场体制下的建筑环境有了翻天覆地的变化，宽松的创作条件和多样化的资金来源使建筑设计逐渐摆脱了政治与意识形态的影响。

在这种环境下，建筑创作出现了多样化、个性化的特征，表现为既有对西方外来元素的吸收，又重视文化内涵、历史和民族特点。其中在建筑本土化上，在传统风格、地方主义、民族主义风格等方面进行了很多有益的创作尝试。教育建筑不再拘泥于某种风格，其形式和内容逐渐多样化，开始灵活地运用各种流派的现代"主义"。

2008 年，世界著名编舞家鲍里斯艾弗曼号召建造一所舞蹈学院。该舞蹈学院建筑位于历史中心区彼得格勒岛上，共 4 层，总面积为 11 290 m^2。浓郁的现代建筑风格使其在周围历史环境中显得别具一格。

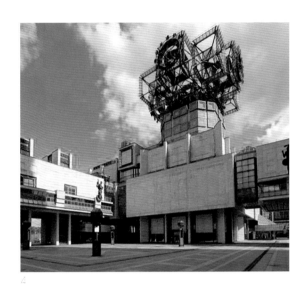

4

5

6

7

1

2

2011 年由格拉西莫夫和库兹设计建造的圣彼得堡 Expoforum 会
展中心，历时 3 年完成。Expoforum 会展中心是圣彼得堡最现代
化的大型会展中心，位于圣彼得堡南部，距圣彼得堡普尔科沃机场
（ Аэропорт Пулково Санкт-Петербург ）仅 10 km，是第二十届圣
彼得堡国际经济论坛 (SPIEF-2016) 的举办场馆。会展中心总
面积约为 56 万 m²，由 6 个总面积为 10 万 m² 的封闭式展馆、
4 万 m² 的露天展区、可容纳 1 万人的会议中心、40 个会议室、2 个大
型酒店（希尔顿酒店和汉普顿酒店）、2.5 万 m² 的商务中心和海关物流
建筑群以及大型露天和地下停车场一起组成。在这里可以举办各类商业
及娱乐活动，包括展览、会议、论坛、音乐会以及体育赛事等。在没有
展览时，这座建筑被用作夜校，进行培训教育。

2013 年特地为索契冬奥会建造的建筑——俄罗斯国际奥林匹克大学位
于索契奥林匹克公园内，是世界上第一所奥林匹克大学。建筑由 4 座主
楼和 1 座裙房构成。从上俯瞰建筑，4 座主楼形成一个十字架，中间则
是裙房部分。建筑造型颇为独特。奥林匹克大学是现代建筑技术和先进
环境标准的典范，在超过 9 万 m² 的区域内分布有 4 座高层建筑，包括
1 栋行政办公主楼、3 栋五星级标准的教师及学生公寓。所有建筑内部
都安装有 WiFi 和 LTE 通信模块以及残疾人无障碍设施。

俄罗斯教育建筑的文化内涵及教育意义

上文研究了俄罗斯教育建筑发展的四个阶段，选取各个阶段具有代表性的教育建筑并分析其风格形成的原因，研究千年来俄罗斯教育建筑的发展规律，探求教育建筑本身蕴含的文化和教育意义。

1. 教育建筑的空间艺术与文化意义

建筑是由围合部分及其所形成的空间定义的。俄罗斯教育建筑的内部空间设计增强了建筑的叙事性，所创造的空间古朴、浑厚、宏大。在所有风格的教育建筑中，空间艺术通过室内装饰、陈设、庭院设计等渲染出教育建筑崇高、庄严的氛围。比如：圣彼得堡国立大学内对称的主厅、

1　　　　　　　　　　　　　　　　　　　2

3　　　　4　　　　5

校史馆博物馆、开放式画廊、教堂、十二院主楼主走廊两侧的雕像和书柜，以及随处可见的精美壁画、雕塑等陈列的艺术品；圣彼得堡列宾美术学院入口门廊柱子间的雕像、内部的圆形庭院以及与外墙装饰处于不同的建筑时期的内部布局。莫斯科建筑设计学院内的模型和绘画展示空间，令人沉浸在浓郁的学术和艺术氛围中。

俄罗斯教育建筑的发展呈现了人对自然环境和对宗教、历史、社会、文化不断选择的过程。当被赋予社会性、政治性和人格性内涵时，建筑由此突破形而下之器物的局限，而有了更高的形而上之追求。建筑因此有了更为丰富的文化意义。

6

7

8

9

2. 教育建筑的文化传承与育人作用

教育的本质是为了传递文化和培养人才，而教育建筑作为教育的空间载体，同样承担着教育的作用。俄罗斯的教育建筑既是建筑遗产又是教育遗产，它们见证了技术的发展和艺术审美的变化，是城市文明发展的纪念碑。教育建筑空间的存续与发展代表了历史文化的传承与发展，建筑承载精神，精神依托建筑而延续。就像继承呼捷玛斯衣钵的莫斯科建筑设计学院，就像始终伴随着俄罗斯教育建筑发展的古典主义风格。

教育建筑本身具有育人作用，比如喀山大学的列宁像、莫斯科大学的罗蒙诺索夫像、俄罗斯科学院建筑外立面上的装饰雕塑与塔楼上面的金色时钟。大学主楼前矗立着的学校创办者或优秀校友的塑像、建筑立面上的装饰雕塑，这些具有纪念性、叙事性的塑像表达了对伟人的纪念，体现了艺术性的创造，同时也是一种无形的引导，激起人们对知识和教育的向往。

1   深圳北理莫斯科大学主楼夜景

结论

建筑是凝固的史诗，它承载着一个民族、一个文明在不同历史时期的政治、文化、风俗和审美，比任何文字的记录都要更直观、更真实。纵观历史，不论俄罗斯的发展处于辉煌或是低潮时期，建筑师们总是从历史建筑中汲取灵感，在接收西方新建筑理念的同时植入俄罗斯本土文化，这种文化自信是俄罗斯建筑能在世界建筑史上独树一帜的重要原因。

俄罗斯教育建筑的产生得益于宗教的发展，作为一种特殊类型的建筑，其参与创造了俄罗斯的历史和城市文化：不仅培养了一批又一批人才，还提升了生活在其中的人们的审美，带动了城市文化发展。俄罗斯的教育建筑具有非常高的学术研究价值和很大的教育意义，其本身也是高等教育不可分割的一部分。

（文 / 韩林飞）

深圳北理莫斯科大学校园建设大事记
Хроника строительства кампуса университета МГУ-ППИ в Шэньчжэне

2014 年

2月　深圳市市长许勤邀请莫斯科国立罗蒙诺索夫大学副校长沙赫赖来深圳考察办学条件。

3月1日　在教育部的支持和指导下，深圳市市长许勤与莫斯科国立罗蒙诺索夫大学副校长沙赫赖在深圳签署《深圳市人民政府和莫斯科国立罗蒙诺索夫大学关于在深圳合作办学的备忘录》，双方约定在深圳合作举办一所高水平大学。其后，确定北京理工大学为中方合作院校。

4月16日　莫斯科国立罗蒙诺索夫大学、北京理工大学与深圳市人民政府在北京签署了《北京理工大学、莫斯科国立罗蒙诺索夫大学、深圳市人民政府关于在深圳举办高等教育合作办学机构的备忘录》，约定三方合作在深圳举办深圳北理莫斯科大学（暂定名），并于9月向教育部呈报申请筹建材料。

5月20日　在习近平主席和普京总统的共同见证下，中俄教育部签署了《中华人民共和国教育部与俄罗斯联邦教育科学部关于北京理工大学与莫斯科国立罗蒙诺索夫大学合作举办"中俄大学"的谅解备忘录》，约定中俄教育部支持北京理工大学与莫斯科国立罗蒙诺索夫大学在深圳市合作举办"中俄大学"。

8月11日　深圳市市长许勤、莫斯科国立罗蒙诺索夫大学副校长沙赫赖、北京理工大学党委书记郭大成在深圳正式签署了《深圳市人民政府、莫斯科国立罗蒙诺索夫大学、北京理工大学关于在深圳合作办学的协议》。

9月10日　深圳北理莫斯科大学建设工程项目建议书获深圳市发展和改革委员会批复。

10月12日　深圳市人民政府办公会议纪要（286号），明确由深圳市建筑工务署牵头成立校园建设工作协调小组，制订详细的建设计划推进校园建设；明确校园规划设计在研究吸纳北京理工大学和莫斯科大学意见的基础上，尽可能体现俄罗斯风格和深圳特色。

2015 年

3月8日　普京总统签署了《〈莫斯科国立罗蒙诺索夫大学和圣彼得堡国立大学法〉第四条修正案》，授予莫斯科大学在境外教育机构中实施高等教育计划、颁发莫斯科大学毕业证书的权力。

5月14日　深圳市建筑工务署举办深圳北理莫斯科大学建设工程项目规划及方案设计评标活动，并于18日公示入选方案，确定深圳大学建筑设计研究院为项目的规划及方案设计单位。

2015 年

6月9日　中华人民共和国全国人大与俄罗斯联邦委员会合作委员会举行会议，审议与成立合作大学有关的教育立法协调问题。

7月1日　为创新管理模式，深圳工务署首次引入需求与设计管理（含可行性研究）咨询团队，并经公开招标确定广州宏达工程顾问有限公司、哈尔滨工业大学建筑设计院和深圳全至工程咨询有限公司为需求与设计管理（含可行性研究）咨询服务团队。

8月14日　项目选址通过深圳市规划和国土资源委员会龙岗管理局相关法定程序预审，核发《深圳市建设项目选址意见书》。

8月31日　教育部正式批准北京理工大学与莫斯科大学合作在深圳筹备设立具有法人资格的中外合作办学机构——深圳北理莫斯科大学（筹）。

9月12日和17—19日　深圳工务署组织校园设计团队分别访问北京理工大学与莫斯科大学，就校园设计方案征求两校意见，调研校方需求。

2015年9月28日　北京理工大学胡海岩校长一行访问莫斯科大学。莫斯科大学举行隆重仪式欢迎胡校长一行，萨多夫尼奇校长亲自主持仪式并发表热情洋溢的讲话。他在讲话中回顾了在两国元首见证下，莫斯科大学与北京理工大学合作建立中俄联合大学的过程，表达了对这所新学校对两国和更广大区域发展做出巨大贡献的期许，同时介绍了莫斯科大学对新建学校的后续安排。

11月11日　深圳北理莫斯科大学项目取得环评批复。

11月17日　俄罗斯联邦教育科学部副部长奥戈罗多娃视察过渡校区工地并与建筑师们会谈。

11月23日　相关设计单位向深圳市政府进行方案设计汇报。许勤市长明确提出项目设计要有明显的风格定位，让市民能够直观感受到俄罗斯建筑特色；认为汇报方案未能真正体现俄罗斯建筑特有的风格，指示相关部门加大主楼的建筑体量，重新组织主楼及前广场建筑群方案竞赛。

11月24日　项目修建性详细规划蓝图通过相关法定程序审批，取得详细蓝图审查复函。

11月25日　深圳工务署邀请5家著名设计院研讨方案的设计要求，重新确定方案竞赛事宜。

12月底至次年2月　深圳工务署邀请5家设计单位参加深圳北理莫斯科大学建筑立面设计竞赛，经过三轮筛选，香港华艺设计顾问（深圳）有限公司的立面设计方案取得优胜，并获得了深圳工务署、深北莫校方及深圳市领导的一致认可。此后该公司与原方案中标单位（深大设计院）共同完成整体校园的立面设计。

2016 年

1月5日　深圳市市长许勤在深圳市市民中心主持召开学校校区建设方案汇报会议。会议原则上同意重新调整后的学校规划设计方案，并适当放宽校园和学生宿舍的建设标准。

3月23日　深圳市发展和改革委员会发出《深圳北理莫斯科大学校园设计建设可行性报告的批复》（深发改〔2016〕379 号），明确深圳市政府将投资 178 523 万元用于建设永久校区，总建筑面积为 27.956 8 万 m²。

4月11日　深圳工务署组织了针对深圳北理莫斯科大学建设工程各单体建筑（学生、教师公寓除外）施工图设计的招标开标评审工作，香港华艺设计顾问（深圳）有限公司从 5 家设计单位中胜出，获得中标资格。

3月28日　项目建设用地规划通过相关合法程序审批，取得建设用地规划许可证。

4月8—12日 深圳工务署戴松涛、何庆丰，咨询公司岑伸，华艺设计建筑师宋云岚、张才勇、黎正一行对满洲里和哈尔滨建筑进行了考察，收集了俄式建筑的细部设计资料，其间听取了哈尔滨市城乡规划局领导有关现代欧风建筑的建设管控经验介绍，并与黑龙江省建筑设计研究院院长及资深专家举行了欧风设计的专项技术咨询会，收获了不少宝贵经验。

5月6日 深圳北理莫斯科大学永久校区奠基。中共中央政治局委员、国务院副总理刘延东与俄罗斯联邦国家杜马主席纳雷什金共同出席奠基仪式。中共中央政治局委员、广东省委书记胡春华，全国人大常委会副委员长兼秘书长王晨，全国政协副主席、科技部部长万钢，俄罗斯国家杜马第一副主席梅利尼科夫，俄罗斯联邦委员会副主席乌玛哈诺夫，广东省委副书记、深圳市委书记马兴瑞，深圳市市长许勤等领导出席奠基典礼，北京理工大学党委书记张炜、校长胡海岩、常务副书记赵长禄，莫斯科大学校长萨多夫尼奇、副校长沙赫赖和谢明等参加了奠基典礼。

2016 年

7月25日   项目方案设计通过相关法定程序审批，取得方案设计核查意见书。

8月1日   深大设计院完成初步设计并向施工图设计单位华艺设计交底，标志着施工图设计正式启动。生活区公建立面待定。

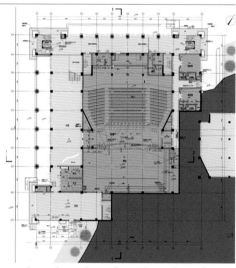

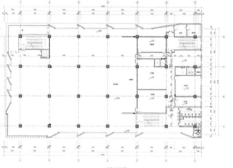

8月20日   完成会堂平面、1# 食堂平面立面、体育馆立面、3# 食堂立面等系列修改，校园整体建筑方案趋于稳定。

9月5—9日　深圳工务署工程管理中心项目组、华艺设计团队和设计管理团队第二次组团到莫斯科大学考察汇报。

9月20日　华艺设计团队完成除宿舍楼以外的各栋建筑单体施工招标图，华森设计团队完成宿舍建筑群施工招标图，深大设计团队完成总图施工招标图，以上920版招标图被提供给深圳工务署相关部门和各个施工投标单位，同时施工招标启动。

10月27日　教育部致广东省人民政府《教育部关于批准正式设立深圳北理莫斯科大学的函》，批准正式设立深圳北理莫斯科大学。

11月1日　深圳市发展和改革委员会下达《关于深圳北理莫斯科大学建设工程项目总概算的批复》（深发改〔2016〕1278号），明确了项目建设内容及规模、投资总概算及资金来源。

11月11日　教育部部长陈宝生、副部长郝平视察学校。深圳市副市长吴以环，深圳市教育局局长张基宏、副局长许建领，学校校长赵平、副校长张建中及学校全体工作人员接受视察。

11月21日　莫斯科大学首批教学代表团一行7人抵达深圳，参与筹备开学准备工作。代表团团长为学校代理第一副校长塔拉索夫。

12月12日　项目通过相关法定程序审批，取得深圳北理莫斯科大学建设工程基础工程施工许可证，项目正式开始基础工程施工作业。

2016 年

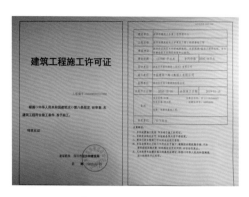

12 月 21 日　项目取得建设工程施工许可证。

12 月 23 日　项目校园区内会堂、体育馆、食堂和学生活动中心取得《建设工程消防设计备案复查意见书》(深公消设复字〔2016〕第 0011 号),复查合格。

2017 年

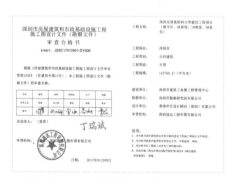

1 月 9 日　本项目取得施工图审查合格书。

1 月 17 日和 3 月 2 日　分两次取得《建设工程消防设计审核意见书》(深公消审字〔2017〕第 0063 号和第 0151 号),审批合格。

1 月 18 日　项目建设规划通过相关法定程序审批,取得建设工程规划许可证。

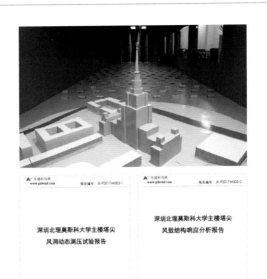

8月22日   俄罗斯联邦驻广州总领事馆代总领事杜德妮一行来学校参观考察，塔拉索夫第一副校长陪同了考察活动。

1月25日   完成主楼钢结构塔尖风洞试验，提交了《深圳北理莫斯科大学主楼塔尖风洞动态测压试验报告》和《深圳北理莫斯科大学主楼塔尖风致结构响应分析报告》，用于指导塔尖设计及安全检查。

8月30日   作为永久校区标志性建筑的156 m高的"深北莫之星"顺利吊装完成，校园建筑主体结构大部分已封顶，主要道路市政管线已完成，道路基层完成。

9月13日   国务院副总理刘延东到访深圳北理莫斯科大学永久校区建设工地。

5月9日   深圳工务署组织召开专题会，确定了建筑立面细部优化提升方案。同日，赵平校长、崔健主任陪董事会主席沙赫赖视察学校永久校区建设工地。

2017 年

9 月 13 日　学校举行隆重的首届开学典礼。国家主席习近平同俄罗斯总统普京分别向学校发来贺词。中共中央政治局委员、国务院副总理刘延东和俄罗斯副总理戈罗杰茨共同启动学校开学仪式。中共中央政治局委员、广东省委书记胡春华，教育部部长陈宝生，国务院副秘书长江小涓，外交部副部长王超，教育部副部长田学军，工业和信息化部副部长陈肇雄，财政部副部长余蔚平，广东省委常委、深圳市委书记王伟中，广东省委常委、秘书长江凌，广东省政府副省长黄宁生，深圳市委副书记、市长陈如桂，俄罗斯联邦驻中国特命全权大使杰尼索夫，国务秘书、俄罗斯联邦教育科学部副部长津科维奇，俄罗斯联邦卫生部第一副部长卡格拉曼扬等领导与深圳北理莫斯科大学 2017 级新生、家长代表以及来自中俄两国的教职员工、部分高校代表出席了典礼，共同见证了这一历史性时刻，标志着中俄第一所具有里程碑意义的联合大学正式在深圳落地生根。

10 月 23 日　确定建筑立面材料样板，设计院向深圳工务署领导及学校筹建办负责人汇报建筑幕墙主材搭配方案，确定教学区建筑幕墙主材为花岗岩，大面积主体为黄金麻色，配木玛丽色基座及线脚。玻璃幕墙及窗采用蓝灰色中空 Low-E 玻璃和深蓝银铝合金框料。

11 月 18 日　俄罗斯鞑靼斯坦共和国总统鲁斯塔姆·明尼哈诺夫一行 39 人访问学校，张建中副校长接待总统一行。

2018 年

 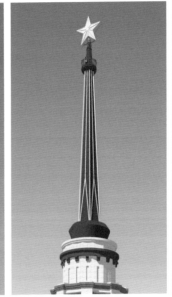 

2月23日　莫斯科大学来函，要求按照俄罗斯民族的审美习惯将塔尖由深蓝银色改为金色。为了统一整体效果，前广场建筑群各个角塔装饰构件、外廊花券、主楼和会堂大门均调整为金色。

3月　为提升设计品质，针对主楼、会堂、图书馆、3# 食堂室内精装修工程，深圳工务署组织了面向国内外的设计施工一体化工程招标。经过两轮评选，最终，广东省美术设计装修工程有限公司与荷兰 NEXT 建筑事务所联合体中标。

2018 年

10 月 17 日　项目全面开展室内外装饰装修及室外绿化工程。

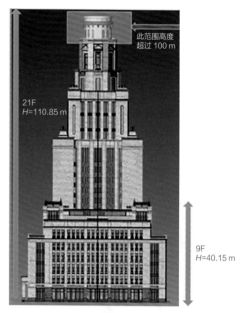

11 月 7 日　主楼超高石材幕墙设计通过安全论证。

2019 年

4 月 28—29 日　学校生活区竣工验收并交付使用。

7 月 23 日　校园整体迁入位于龙岗区国际大学园路的新校园,开启办学新篇章。

7 月 25 日　学校整体通过消防验收。

9 月 18 日　校园整体工程全面通过质量验收。

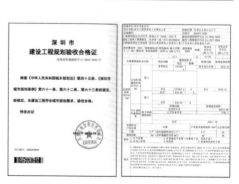

9 月 3 日　校园整体工程全面通过验收,获得建设工程规划验收合格证。

参考文献
Список литературы

[1] 中国建筑设计研究院机电专业设计研究院 . 游泳池给水排水工程技术手册 [M]. 北京：中国建筑工业出版社，2010.

[2] PREISER W F E, RABINOWITZ H Z, WHITE E T. Post-occupancy evaluation[M]. New York: Van Nostrand Reinhold Company, 1988: 54.

[3] 庄惟敏，党雨田 . 使用后评估：一个合理设计的标准 [J]. 住区，2017 (1): 132-135.

[4] 任晓天 . 建筑设计中的认知与空间意象 [J]. 工程建设与设计，2006(S1):47-49.

[5] [美] 阿莫斯 · 拉普卜特 . 建成环境的意义 [M]. 黄兰谷，译 . 北京：中国建筑工业出版社，2003.

[6] 韩林飞，祁帅，班博洋 . 俄罗斯 [M]. 北京：中国建筑工业出版社，2019.

[7] 李英男，戴桂菊 . 俄罗斯历史之路——千年回眸 [M]. 北京：外语教学与研究出版社，2002.

[8] 刘军 . 苏联建筑由古典主义到现代主义的转变（1950 年代—1970 年代）[D]. 天津：天津大学，2004.

[9] D.O. 什维德科夫斯基 . 权利与建筑 [J]. 韩林飞，译 . 世界建筑,1999(1):21.

[10] 周春芳 . 明清陕西教育建筑文化研究 [D]. 西安：西安建筑科技大学,2016.

[11] 徐化，由郦 . 浅析俄罗斯历史变迁对建筑风格的影响 [J]. 城市建设理论研究,2017(25): 76-77.

[12] RIASANOVSKY N V, STEINBERG M D. 俄罗斯史 [M]. 杨烨，卿文辉，译 . 7 版 . 上海：上海人民出版社,2007.

图书在版编目（CIP）数据

深圳北理莫斯科大学 / 深圳市建筑工务署，深圳北理莫斯科大学，香港华艺设计顾问（深圳）有限公司主编 . -- 天津 : 天津大学出版社，2021.6
ISBN 978-7-5618-6962-8

Ⅰ . ①深… Ⅱ . ①深… ②深… ③香… Ⅲ . ①深圳北理莫斯科大学－教育建筑－介绍 Ⅳ . ① TU244.3

中国版本图书馆 CIP 数据核字（2021）第 100682 号

策划编辑：金　磊　韩振平
责任编辑：李金花
装帧设计：朱有恒

SHENZHEN BEILI MOSIKE DAXUE

出版发行	天津大学出版社
地　　址	天津市卫津路92号天津大学内（邮编：300072）
电　　话	发行部：022-27403647
网　　址	www.tjupress.com.cn
印　　刷	北京雅昌艺术印刷有限公司
经　　销	全国各地新华书店
开　　本	235mm×286mm
印　　张	14.75
字　　数	365千
版　　次	2021年6月第1版
印　　次	2021年6月第1次
定　　价	188.00元